Marwa Esmael

Guia para aumentar com segurança a produção de leite materno

Marwa Esmael

Guia para aumentar com segurança a produção de leite materno

ScienciaScripts

Cover image: www.ingimage.com

Este livro é uma tradução do original publicado sob ISBN 978-620-3-30710-8.

Publisher:
Sciencia Scripts
is a trademark of
International Book Market Service Ltd., member of OmniScriptum Publishing Group
17 Meldrum Street, Beau Bassin 71504, Mauritius

ISBN: 978-620-3-35160-6

Guia para aumentar com segurança a produção de leite materno

Marwa Esmael Hasanin Esmael
Professora assistente de Fisioterapia para a saúde da mulher Faculdade de Fisioterapia, Universidade do Cairo
Egipto

Tabela de Conteúdos

Introdução

A necessidade de promover e apoiar a amamentação é inquestionável para a saúde e desenvolvimento dos bebés. Representa uma prioridade de saúde pública em todo o lado, tal como confirmado pela Estratégia Global para a Alimentação de Lactentes de Crianças na 1ª Infância, aprovada por unanimidade pela 55ª Assembleia Mundial de Saúde **(AMS, 2003).**

Os ganhos de saúde para as mães lactantes incluem amenorreia de lactação, diminuição da hemorragia pós-parto, e involução precoce do útero, perda de peso pós-parto, e protecção contra o cancro dos ovários e da mama (**Romieu et al., 1996 & Rosenblatt e Thomas, 1993).**

O Fundo das Nações Unidas para a Infância (UNICEF) estimou que o aleitamento materno exclusivo nos primeiros seis meses de vida pode reduzir as taxas de mortalidade de menores de cinco anos nos países em desenvolvimento em 13%. Para além dos seus benefícios para a saúde, o aleitamento materno tem benefícios económicos e ambientais significativos. Estima-se que as poupanças potenciais com o aleitamento materno nos Estados Unidos da América foram de cerca de 3,6 mil milhões de dólares **(Osman et al., 2009).**

O aleitamento materno fornece todos os nutrientes essenciais para os primeiros 6 meses de vida do bebé. O aleitamento materno desempenha um papel importante na garantia da segurança alimentar de uma grande proporção de bebés no mundo, onde a segurança alimentar é definida como ter comida suficiente para manter uma vida saudável e produtiva hoje e no futuro. O leite materno contém os ácidos gordos polinsaturados de cadeia longa, que são especialmente importantes para o desenvolvimento do cérebro e do sistema nervoso. O aleitamento materno está também associado a um risco reduzido de muitas doenças precoces (**Innis, 2003**).

O leite humano contém as proporções adequadas de proteínas, hidratos de carbono, gordura, minerais e vitaminas para um crescimento óptimo, com excepção das vitaminas D e K. Todos os recém-nascidos devem receber vitamina K ao nascer, e os lactentes amamentados devem receber suplemento de vitamina D até que a dieta forneça uma fonte adequada de vitamina D e também contém nucleótidos, que são necessários para o metabolismo energético, crescimento e maturação do tracto gastrointestinal, reacções enzimáticas e função imunológica melhorada (**Comité de Nutrição, Academia Americana de Pediatria, 2004).**

Os prestadores de cuidados de saúde têm um impacto importante na intenção de amamentar, iniciação e consequente duração do aleitamento materno. Foi demonstrado que as mulheres que recebem encorajamento de prestadores de cuidados de saúde para amamentar são mais propensas a iniciar e manter a amamentação do que as mulheres que não receberam encorajamento **(Shinwell et al., 2006).**

A capacidade de amamentar e continuar a prática requer dedicação, empenho, persistência e apoio. As mães precisam frequentemente de ultrapassar muitos obstáculos para amamentar com sucesso os seus bebés e manter o equilíbrio dos seus compromissos domésticos, familiares e laborais ***(Tohotoa et al., 2009).***

Embora os benefícios da amamentação para a saúde estejam bem estabelecidos, a introdução precoce da fórmula continua a ser uma prática comum **(Osman et al.,**

2009). As baixas taxas e a cessação precoce do aleitamento materno têm efeitos adversos maciços sobre a saúde, implicações sociais e económicas para as mulheres, as crianças, a comunidade e o ambiente ***(Olang et al., 2009).***

Uma nova mãe que experimenta dificuldades na amamentação sente-se frequentemente vulnerável e exposta. Ela precisa de afirmação; não dar a sua afirmação pode resultar na sua experiência ainda mais stress e insegurança, aumentando assim a distância até à criança. Proteger e promover a amamentação deve envolver principalmente ver a mãe e a criança como uma unidade integrada, e, na medida do possível, tentar juntar as duas. Quando a fórmula infantil se torna necessária como resultado de questões médicas, é ainda mais importante que a mãe se sinta parte do processo e importante para o seu filho. O aleitamento materno baseia-se na colaboração entre mãe e filho **(Bergum, 2004(.**

O leite materno é o melhor alimento para os bebés. A proporção de aleitamento materno tinha diminuído consideravelmente. De acordo com relatórios, no início dos anos oitenta cerca de 25% dos bebés com menos de seis meses são amamentados nos EUA. Enquanto em Manila apenas 15% dos bebés com menos de três meses são completamente dependentes do aleitamento materno. O rácio médio de aleitamento materno em Pequim é reportado em 41% e em Xangai o rácio de aleitamento materno de bebés com menos de seis meses é de apenas 24,8%. Isto deve-se em parte à lactação insuficiente das mães. Por isso, tornou-se importante encontrar uma nova terapia para a lactação insuficiente **(Yang et al., 1985**).

A Organização Mundial de Saúde (OMS) e a UNICEF recomendam ambos o aleitamento materno exclusivo até aos seis meses de idade. Recomenda-se que o aleitamento materno continua durante pelo menos 12 meses, e a partir daí durante o tempo que mutuamente desejado (OMS, 2001).

As taxas de amamentação exclusiva até 6 meses estão a diminuir ao longo do tempo na região do Médio Oriente-Norte de África (MENA) no período de 2000 a 2006 foram de 28%. Na região do MENA, as taxas de aleitamento materno exclusivo no Paquistão, Iraque, Arábia Saudita, Egipto e Irão foram de 16%, 25%, 31%, 38% e 44%, respectivamente. Assim, o declínio continua a verificar-se desde o início dos anos oitenta até agora, pelo que a procura de uma nova intervenção é um imperativo **(UNICEF, 2007)**.

As baixas taxas e a cessação precoce do aleitamento materno têm efeitos adversos maciços na saúde, implicações sociais e económicas para as mulheres, crianças, comunidade e ambiente **(Olang et al., 2009).**

Os benefícios para a saúde da amamentação tanto para a mãe como para o bebé foram bem estabelecidos nos países em desenvolvimento onde os riscos de doenças infecciosas e desnutrição são elevados e a introdução precoce de fórmulas infantis aumenta o risco de doenças graves que podem levar à morte **(Paine e Dorea, 2001)**.

Agentes que aumentam a prolactina endógena, tais como metoclopramida e domperidona, têm sido utilizados num curso de 7-10 dias para aumentar a oferta de leite materno em mães com insuficiência de lactação. No entanto, estes medicamentos podem ser associados a efeitos secundários tais como sonolência e depressão e terapias alternativas são necessários **(Da Silva et al., 2001**).

Com base na vantagem esmagadora do leite materno como fonte de nutrição da criança juntamente com um subconjunto de mulheres que têm insuficiência de lactação, é necessária medicação adicional para aumentar a lactação sem efeitos secundários **(Meier e Brown, 1996).**

A prolactina humana recombinante é uma terapia potencialmente nova que está disponível para uso investigativo; contudo, a sua actividade biológica e perfil de efeitos secundários não foram examinados **(Henderson, 2003).**

Revisão de literatura

Leite humano

O leite humano é um fluido corporal que, além de ser uma excelente fonte nutricional para o lactente em crescimento, também contém uma variedade de componentes imunitários tais como anticorpos, factores de crescimento, citocinas, compostos antimicrobianos, e células imunitárias específicas. Estes ajudam a apoiar o sistema imunitário imaturo do recém-nascido, e oferecem protecção contra riscos infecciosos durante o período pós-natal, enquanto o sistema imunitário amadurece. A fórmula infantil não oferece protecção contra vírus ou organismos bacterianos patogénicos. Apesar das actuais provas científicas de que a alimentação artificial pode ser uma prática prejudicial, a aceitação do aleitamento materno como o método normal ou "por defeito" da alimentação infantil continua a ser elusiva no mundo industrializado **(Paramasivam et al., 2006).**

O leite materno é um fluido complexo, rico em nutrientes e em componentes bioactivos não-nutricionais. O conhecimento da composição do leite humano e dos factores que o influenciam aumentou consideravelmente nas últimas duas décadas **(Jensen, 1995).** O leite materno contém todos os nutrientes necessários para o recém-nascido durante as primeiras semanas de vida. Estes incluem os combustíveis metabólicos (gordura, proteínas e hidratos de carbono), água, e as matérias-primas para o crescimento e desenvolvimento dos tecidos, tais como ácidos gordos, aminoácidos, minerais, vitaminas, e oligoelementos **(Prentice and Prentice, 1995).**

A produção de leite é um processo complexo onde os factores nutricionais interagem com influências hormonais e comportamentais estruturais **(Chierici et al., 1999).** As propriedades protectoras do leite humano podem ser divididas em factores celulares ou humorais. Componentes celulares, incluindo linfócitos T e B, macrófagos e neutrófilos, estão a níveis especialmente elevados no colostro, e persistem no leite em concentrações mais baixas mas em formas activadas enquanto o leite materno for produzido **(Hanson, 2000)**.

Os factores humorais incluem imunogolobulinas, lisozima, nucleótidos, lactoferrina, complementos, factor bifidus, interferon, lactoperoxidase, oligossacarídeos, proteína de ligação à vitamina B12 e factor de crescimento epidérmico. A imunogolobulina secretora A predomina no leite humano e desempenha um papel vital no fornecimento de protecção local à membrana mucosa. O leite humano contém glucosaminas, que promovem o crescimento do lactobacillus bifidus, o que ajuda a prevenir o crescimento da flora patogénica no intestino (**Alexander e Reginald, 2005**).

O leite humano melhora o sistema imunológico imaturo do recém-nascido e reforça os mecanismos de defesa do hospedeiro contra agentes infecciosos e outros agentes estrangeiros. Alguns mecanismos que explicam a estimulação activa do sistema imunitário do bebé através da amamentação são os factores bioactivos no leite humano, tais como hormonas, factores de crescimento e factores estimulantes da colónia, bem como nutrientes específicos. O leite humano pode reduzir a incidência de doenças na infância porque a evolução dos mamíferos promove uma vantagem de sobrevivência. Além disso, os factores no leite promovem a maturação da mucosa gastrointestinal, diminuem a incidência de infecções, alteram a microflora intestinal e têm funções imunomoduladoras e anti-inflamatórias. Hormonas, factores de crescimento e citocinas no leite humano podem modular o desenvolvimento de doenças. Além disso, os bebés amamentados têm reduzido a exposição ao antigénio alimentar estrangeiro **(Oddy, 2002).**

Aleitamento materno

O aleitamento materno é universalmente aceite como o método óptimo de alimentação infantil para o primeiro ano de vida e, posteriormente, desde que seja benéfico para o diácono mãe-infante. Foi demonstrado que os benefícios aumentam com a duração e exclusividade do aleitamento materno até seis meses. Como tal, a obrigação da profissão médica na promoção do aleitamento materno é clara e inequívoca **(Raisler et al., 1999)**.

As vantagens do aleitamento materno são muitas e estão bem documentadas na literatura. Como diminui a incidência e/ou gravidade da infecção do tracto gastrointestinal, infecção do tracto respiratório inferior, otite média, infecção do tracto urinário, meningite e septicemia. Há também provas de que a amamentação estimula activamente o sistema imunitário do bebé (**Alexander e Reginald, 2005**).

O aleitamento materno tem um impacto tanto biológico como emocional na saúde da mãe e da criança. O contacto físico próximo com o bebé e a forma particular como a criança é amamentada são elementos importantes em termos de ligação entre a mãe e a criança e de fixação segura. Esta ligação, ou vínculo, começa no nascimento, e aumenta as hipóteses da criança continuar a receber os cuidados da mãe **(Klaus et al., 1996).**

As crianças que são amamentadas têm uma função cognitiva mais elevada do que as crianças que são alimentadas por fórmula e foi sugerido que o efeito pode durar até à idade adulta **(Mortensen et al., 2002).**

Foi realizada uma meta-análise em 11 estudos que relataram resultados não ajustados e covariáveis comparando o desenvolvimento cognitivo de bebés amamentados e alimentados com fórmulas, após ajuste para possíveis variáveis de confusão, tais como o estatuto socioeconómico e a educação materna, o "Score de desenvolvimento cognitivo" foi 3,16 pontos mais elevado em bebés amamentados (n=7. 08 1) em comparação com bebés alimentados com fórmulas. A meta-análise também constatou que a duração da amamentação correlacionada com o desenvolvimento e resultado cognitivo (**Anderson et al., 1999**).

O aleitamento materno reduz o risco de obesidade infantil a um nível moderado. A obesidade infantil pode persistir na obesidade adulta com morbilidade associada, tais como diabetes mellitus tipo 2, hipertensão e hipercolesterolemia (**Grummer-Strawn e Mei, 2004**).

Martin et al., (2004) descobriram que por cada três meses de aleitamento materno, as crianças tinham uma redução de 0,2 mmHg na tensão arterial sistólica. A redução da pressão arterial, embora pequena, é significativa e pode ter implicações importantes para a saúde pública.

Do ponto de vista económico, o aleitamento materno é menos dispendioso do que o aleitamento artificial. O aleitamento materno é amigo do ambiente. A diminuição das taxas de várias doenças em lactentes amamentados traduz-se em poupanças para os cuidados médicos. O aleitamento materno exclusivo também promove o espaçamento entre crianças (**Canadian Institute of Child Health, 1996**).

As mães que amamentam têm reduzido o risco de cancro dos ovários, bem como o cancro da mama e uma melhor regulação do peso. O aleitamento materno pode ajudar no desenvolvimento de anexos e aumentar a sensibilidade materna (**Tohotoa et al., 2009**).

Nos países em desenvolvimento, doenças infecciosas como a diarreia e as infecções respiratórias agudas são a principal causa de mortalidade e morbilidade em bebés com menos de um ano de idade. A importância do aleitamento materno exclusivo na prevenção de doenças infecciosas durante a infância é bem conhecida (**Mihrshahi et al., 2008**).

O aleitamento materno é inferior ao aleitamento materno porque o leite humano fornece factores específicos e não específicos que têm consequências a longo prazo para o metabolismo precoce e o desenvolvimento de doenças. Após o fim do aleitamento materno, há provas de protecção contínua contra doenças devido a influências protectoras no sistema imunitário mediadas através do leite humano. A indústria continua a tentar melhorar a fórmula infantil com a adição de compostos tais como ácidos gordos, oligossacarídeos, nucleótidos e lactoferrina. No entanto, o leite humano tem efeitos tão abrangentes sobre a resposta imunitária do bebé que o seu desenvolvimento óptimo depende fortemente do seu fornecimento. Todas as mães devem ser encorajadas e apoiadas a continuar a amamentar durante seis meses ou mais, a fim de promover a boa saúde dos seus bebés **(Oddy, 2002).**

O aleitamento materno pode: ajudar mães e bebés a lidar com as situações stressantes que acompanham as vacinas parentéricas; melhorar a resposta às vacinas no ainda sistemas imunológicos e enterohepáticos maduros de lactentes; influenciam parâmetros fisiológicos que podem alterar o metabolismo do etil-mercúrio derivado de algumas vacinas. Assim, a promoção da saúde que apoia as vacinas deve também enfatizar o início precoce e a manutenção do aleitamento materno exclusivo até 6 meses para uma protecção máxima dos bebés com um possível efeito benéfico na resposta à vacina. Os profissionais pediátricos devem informar as mães dos benefícios comprovados da amamentação e da sua importância para complementar a vacinação e reduzir o stress, bem como o risco de reacções adversas em bebés susceptíveis **(Dorea, 2009).**

A amamentação está associada a elevadas concentrações plasmáticas de prolactina, pelo menos no início da lactação, os níveis correlacionando-se em certa medida com o número de episódios de amamentação. A resposta de prolactina à sucção diminui com o tempo pós-parto, mas se a frequência de sucção for mantida a um nível elevado, os níveis basais podem bem permanecer acima do normal durante 18 meses ou mais (**Lunn et al., 1980**).

A OMS e a UNICEF acreditam que tanto as organizações de cuidados pré-natais como de maternidade estão numa excelente posição para proteger e, se necessário, restabelecer uma cultura que promova a amamentação, e que são responsáveis por o fazer **(Ljungberg et al., 1995).**

Anatomia do peito

O peito lactante é descrito como sendo composto por tecido glandular e adiposo unidos por uma estrutura solta de fibras chamada ligamentos de Cooper **(Chersevani et al. 1995; Sohn et al., 1999)**. Há uma grande variação em a distribuição dos tecidos mamários entre mulheres mas não entre seios dentro da mulher **(Bannister et al., 1995).**

Estudos histológicos mostram que os lóbulos são compostos por lóbulos, que consistem em aglomerados de alvéolos contendo lactocíticos (células epiteliais secretoras mamárias) que sintetizam leite materno (**Bomalaski et al., 2001**).

Ramsay et al.,(2005) num estudo revolucionário que utilizou imagens de ultra-sons para reinvestigar a anatomia da mama lactante, descobriram que todos os ductos se ramificaram dentro do raio areolar, ocorrendo o primeiro ramo a 8,0 ± 5,5 mm do mamilo. O diâmetro dos ductos era de 1,9± 0,6 mm, 2,0± 90,7 mm e o número de ductos principais era de 9,6± 2,9, 9,2± 2,9, para a mama esquerda e direita respectivamente. Os ductos de leite são superficiais, facilmente compressíveis e os ecos dentro do ducto representam glóbulos de gordura no leite materno. O baixo número e tamanho dos ductos, a rápida ramificação sob a aréola e a ausência de seios sugerem que os ductos transportam o leite materno, em vez de o armazenarem. A proporção de tecido glandular e gordo e o número e tamanho dos ductos não estavam relacionados com a produção de leite, **Fig. (1).**

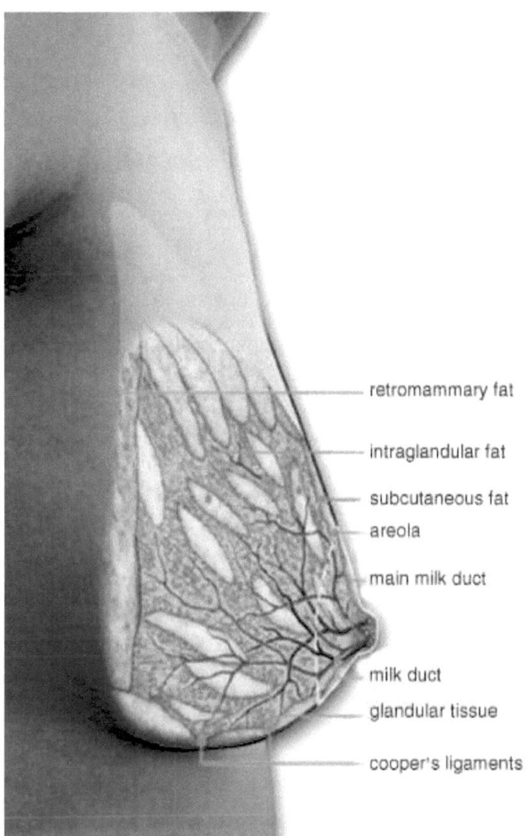

Fig. (1): Desenho da anatomia bruta da mama lactante com base em observações ultra-sonográficas feitas do sistema de condutas de leite e distribuição de diferentes tecidos dentro da mama. (Citado de Ramsay et al., 2005).

Fornecimento de sangue do peito

A maior parte do sangue é fornecido ao peito por duas artérias principais, a artéria mamária interna (IMA) e a artéria torácica lateral (LTA). A IMA fornece a mama através dos ramos mediais posterior e anterior e a LAT fornece a porção lateral da mama através do ramo mamário lateral. Existem três ramos anteriores da IMA, no entanto, verificou-se com mais frequência que um ramo localizado no segundo espaço intercostal era maior e assim fornecia mais sangue à glândula em comparação com os outros. Há uma rede arterial mais extensa que inclui ramos tanto das artérias intercostais como da artéria toracoacromial **(Geddes et al., 2008).**

Geddes (2009) demonstrou que existe uma grande variação entre as mulheres na proporção de sangue fornecido por cada artéria e há poucas provas de simetria entre os seios.

Durante a gravidez o fluxo sanguíneo mamário aumenta para o dobro dos níveis de pré-gestação até 24 semanas de gestação e depois permanece constante durante a lactação. Juntamente com um aumento do fluxo de sangue, as veias superficiais do peito também se tornam mais proeminentes durante a gravidez e lactação **(Rizzatto e Chersevani, 1998).**

Fisiologia da lactação e da produção de leite

A primeira metade da gravidez é caracterizada pelo crescimento e proliferação do sistema ductal, arborização da estrutura alveolar e formação de lóbulos. A prolactina, que é secretada pela glândula pituitária anterior, estimula as células secretoras nos alvéolos a secretar leite. A lactação durante a gravidez é inibida por níveis elevados de estrogénio e progesterona, que inibem a libertação de prolactina e interferem com a acção da prolactina ao nível do receptor de células alveolares. Como o estrogénio e a progesterona diminuem abruptamente no período pós-parto, a glândula pituitária anterior liberta quantidades muito grandes de prolactina que estimula os alvéolos a produzir quantidades significativas de leite. O factor mais importante para uma libertação contínua de prolactina é a estimulação dos mamilos a partir da sucção. Em resposta à sucção, a oxitocina é libertada pela glândula pituitária posterior. A oxitocina provoca a contracção das células mioepiteliais que rodeiam os alvéolos e impulsiona o leite para os seios nasais do leite na área areolar. Esta ejeção do leite (reflexo descendente) é geralmente descrita como uma sensação de formigueiro. O controlo endócrino é suplantado pelo controlo autócrino, uma vez que os níveis de base da prolactina da mãe voltam a níveis mais normais a cerca de três meses pós-parto. Neste momento, é a remoção do leite (em particular, um inibidor da lactação no leite) do seio que mantém o fornecimento de leite. Quanto mais a mãe esvazia o seu peito, mais leite é produzido **(Lawrence e Lawrence, 1999).**

Nas próximas semanas após o nascimento, os níveis médios (ou de base) de prolactina diminuem até atingirem um patamar inferior. Ao mesmo tempo, os receptores de prolactina estão a multiplicar-se. Acredita-se que o desenvolvimento de receptores de prolactina na mama está relacionado com a estimulação precoce e a remoção do leite: quanto mais frequentemente amamentação de bebés nos primeiros dias e semanas após o nascimento, quanto mais receptores forem desenvolvidos **(Theil et al., 2006).**

Prolactina é uma hormona proteica da glândula pituitária anterior que foi originalmente nomeada pela sua capacidade de promover a lactação em resposta ao estímulo de sucção de jovens mamíferos esfomeados. O prolactina não é tão simples como foi originalmente descrito. De facto, quimicamente, a prolactina aparece numa multiplicidade de formas pós translacionais que vão desde variantes de tamanho a modificações químicas como a fosforilação ou a glicosilação. Não só é sintetizada na glândula pituitária, como foi originalmente descrita, mas também dentro do sistema nervoso central, do sistema imunitário, do útero e dos seus tecidos de concepção associados, e até da própria glândula mamária. Além disso, as suas acções biológicas não se limitam apenas à reprodução, uma vez que ficou demonstrado que controla uma variedade de comportamentos e até desempenha um papel na homeostase. Os estímulos que libertam a prolactina incluem não só o estímulo de enfermagem, mas também a luz, a audição, o olfacto e o stress podem servir um papel estimulante. Finalmente, embora seja bem conhecido que a dopamina de origem hipotalâmica proporciona um controlo inibitório sobre a secreção de prolactina, outros factores dentro do cérebro, hipófise e órgãos periféricos demonstraram inibir ou estimular também a secreção de prolactina (**Freeman et al., 2000**).

A fim de estabelecer a altura em que os níveis de prolactina foram atingidos, o sangue foi retirado aos 15, 30, 60, 120 e 180 minutos após o início da sucção em cinco mulheres. A estimativa de prolactina nestas amostras mostrou que os níveis máximos de prolactina foram atingidos em 30 min. após o início da sucção. Por conseguinte, foi decidiram que as amostras de sangue para determinação do pico de prolactina seriam colhidas 30 minutos após o início da sucção (**Shatrugna et al., 1982**).

Noel et al., (1974) relataram que a concentração de prolactina plasmática no sangue duplica em resposta à sucção e atinge picos aproximadamente 45 minutos após o início de uma sessão de aleitamento materno. Este aumento da prolactina plasmática é proporcional à frequência, intensidade e duração da estimulação dos mamilos.

Ao colher sangue para um nível de prolactina, deve ser usado cuidado para não produzir uma elevação artificial. Como o stress pode elevar o nível de prolactina, o paciente deve descansar (mas não dormir) antes de se obter a amostra. Além disso, o nível não deve seguir um exame mamário e deve ser tirado em jejum (**Burns & Haddad, 1998**).

Durante a primeira semana após o nascimento, os níveis de prolactina nas mulheres que amamentam baixam cerca de 50 por cento. Se uma mãe não amamenta, os níveis de prolactina normalmente atingem os níveis de não grávida em sete dias pós-parto, (**Quadro 1**). Os níveis de prolactina "seguem um ritmo circadiano: os níveis durante a noite (sono) são mais altos do que durante o dia. Os seus níveis diminuem lentamente ao longo da lactação mas permanecem elevados enquanto a mãe amamenta, mesmo se ela amamenta durante anos (**Cox et al., 1996**).

Tabela (1): Níveis normais de prolactina nas mães lactantes (Citação de Riordan, 2005).

Estatuto da mulher	**Níveis de prolactina de soro**
Não grávida, não lactante	< 25 mg/ml
Grávida, a termo	200 mg/ml
Lactante, 7 dias pós-parto	100 mg/ml
Lactante, 3 meses pós-parto	100 mg/ml
Lactante, menstruação não iniciada antes de 180 dias	110 mg/ml
Lactante, menstruação iniciada antes de 180 dias	70 mg/ml
Lactante, 6 meses pós-parto	50 mg/ml

Os níveis de prolactina aumentam com a sucção: quanto mais alimento, mais elevado é o nível de prolactina sérica. Mais de oito mamadas por 24 horas impedem o declínio da concentração de prolactina antes da próxima mamada **(Stallings et al., 1996).**

Prolactin é o catalisador para a criação de leite materno. A estimulação do mamilo desencadeia a produção de prolactina e assegura que os níveis de prolactina são mantido elevado. É um circuito de feedback simples mas intrincado que assegura que a procura e a oferta estão sempre em equilíbrio. O Prolactin é bom tanto para a mãe como para o bebé. Níveis elevados de prolactina asseguram um fornecimento abundante de leite materno **(Kippley, 2005).**

A relação entre a prolactina e a explicação da qualidade e quantidade de leite:

Um subconjunto de mães com fraca produção de leite tem uma secreção de prolactina insuficiente, embora os níveis de prolactina absoluta necessários para uma lactação adequada e o número de mulheres afectadas seja desconhecido. A prolactina é crítica para a produção de leite materno com base na ausência de lactação na ausência de prolactina , a maioria dos estudos demonstra uma relação entre os níveis de prolactina e o volume de leite, com baixas concentrações de prolactina basal e estimulada por sucção em mulheres com a lactação mais pobre **(Gabay, 2002).**

Moberg et al., (1990) correlacionaram os perfis hormonais com o sucesso do desempenho da lactação à medida que os níveis de prolactina aumentavam em resposta à amamentação que persistiu durante o período de lactação.

Barber et al.., (1992) descreveram a relação entre a síntese de prolactina e a qualidade e quantidade de leite como os variados efeitos da prolactina na glândula mamária incluem o crescimento e desenvolvimento da glândula mamária (mamogénese), síntese de leite (lactogénese), e manutenção da secreção de leite (galactopoiesis).No processo de lactogénese, a prolactina estimula a absorção de alguns aminoácidos, a síntese das proteínas do leite caseína e α-lactalbumina, a absorção de glicose, e a síntese da lactose do açúcar do leite, bem como das gorduras do leite.

A relação entre a rotina de aleitamento materno e o conteúdo de leite

O teor de gordura do leite materno pode variar até cinco vezes durante a alimentação. A concentração de gordura é influenciada pela rotina de amamentação da mãe, e variações de curto prazo estão relacionadas com o volume de leite produzido por mamada e o intervalo de tempo entre as mamadas. As diferenças na rotina de aleitamento materno podem afectar a variação diurna da concentração de gordura. . Outros constituintes, como as proteínas, podem apresentar pequenas mas consistentes alterações desde o início até ao fim de uma alimentação e durante o dia, enquanto outros, como o cálcio, não são afectados (**Michaelsen et al., 1995**).

A percentagem de gordura no leite que é removida varia de acordo com o tempo que o leite tem vindo a recolher nos ductos, e com a quantidade de peito que é drenada no momento. À medida que o leite é feito, os glóbulos de gordura aderem aos lados dos alvéolos onde o leite é armazenado, enquanto parte da porção aquosa do leite se desloca pelos ductos em direcção ao mamilo, misturando-se com qualquer leite que aí tenha ficado desde a última alimentação. Quanto maior for a quantidade de tempo entre a alimentação, mais diluído se torna o leite restante. Este leite -watery‖ tem maior teor de lactose e menos gordura do que o leite armazenado nos alvéolos mais acima no peito. O aleitamento do bebé desencadeia o reflexo de rejeição do leite da mãe que espreme o leite - e a gordura aderente - dos alvéolos para os ductos. Quanto mais tempo ele amamenta, mais elevado é o teor de gordura do leite e mais natas recebe, acabando com uma refeição bem equilibrada contendo todas as calorias de gordura para o crescimento e lactose para o desenvolvimento energético e cerebral de que necessita (**West e Marasco, 2008**).

Foi realizado um estudo para examinar os níveis plasmáticos de oxitocina e prolactina em lactação precoce e estabelecida e para correlacionar os perfis hormonais com o sucesso do desempenho da lactação. Os níveis de oxitocina e prolactina aumentaram em resposta ao efeito da amamentação que persistiu durante o período de lactação (**Moberg et al., 1990**).

O reflexo da ejecção de leite pode ser desencadeado várias vezes durante uma sessão de amamentação ou bombeamento (foram registados até doze, mas a média durante a amamentação é de 2,5). O resultado são vários esporões separados de fluxo de leite, começando com uma média de uma onça (30 cc) por ejecção e diminuindo em quantidade cada vez que o peito esvazia. Um pequeno número de mulheres pode ejectar uma maior quantidade de leite de cada vez; foram registados 140 gms (4,67 oz) para uma ejecção. Em média, contudo, quanto mais ejeções de leite uma mãe tem, mais leite o bebé tende a consumir durante uma mamada **(Ramsay et al., 2006)**.

O leite feito entre as rações é armazenado na sua maioria nas condutas e nos alvéolos. Enquanto que as gotículas de gordura geralmente aderem aos lados dos alvéolos, parte da porção aquosa do leite escorre para a frente e recolhe-se nas condutas para a próxima alimentação. A quantidade máxima de leite que pode ser armazenada antes do peito diz · parem! ‖ é a capacidade de armazenamento de uma mulher e pode variar muito de uma mulher para outra, e mesmo uma gravidez para outra (de acordo com o sexo e apetite do bebé, entre outras coisas); um estudo mostrou um intervalo de 80 ml a 600 ml. Além disso, a capacidade de armazenamento pode mudar e frequentemente aumenta durante os primeiros meses, dependendo da procura do bebé. O tamanho exterior do peito não é necessariamente um bom indicador da capacidade de armazenamento; alguns peitos pequenos são densamente embalados com tecido glandular, enquanto alguns peitos grandes são apenas ligeiramente povoados com glândulas. É a quantidade de glândulas bem desenvolvidas dentro do peito, e não o tamanho exterior do peito que determina a capacidade de armazenamento **(Daly et al., 1993).**

Quanto mais leite é armazenado no peito, mais lento é o leite produzido; enquanto que quanto mais vazio o peito, mais rápida é a produção de leite. O peito é muito sensível e responde ao grau de plenitude. À medida que o peito se enche, as concentrações de uma proteína de soro de leite chamada inibidor do feedback da lactação aumentam e provocam um corte na taxa de produção de leite, tal como abrandaríamos a água numa banheira que se enche demasiado depressa. As concentrações de inibidor de feedback da lactação são baixas quando o peito está vazio, permitindo que o peito produza leite mais rapidamente, tal como nós iríamos abrir a torneira da água quando uma banheira está vazia e queremos enchê-la **)Kim et al., 1997).**

Há muito que se entende que o peito funciona num processo de procura e oferta - o bebé mama no peito para exigir leite, e o corpo responde fornecendo-lho (via ejecção de leite) e depois substituindo o que ele toma e fazendo ainda mais se o bebé continuar a pedir. Calibração, o processo do corpo de descobrir a quantidade de leite a produzir, foi concebido para ser um sistema impulsionado pela infantaria. O corpo responde a cada bebé com um fornecimento adaptado às necessidades específicas do bebé. É por isso que as mulheres podem ter experiências de amamentação e produção de leite muito diferentes de um bebé para outro; cada uma é uma situação nova e única. Da mesma forma, algumas mulheres podem desenvolver uma maior oferta de leite de um lado do que do outro, especialmente se o bebé favorecer um peito em detrimento do outro. Curiosamente, as mães de bebés rapazes tendem a produzir mais leite do que as mães de bebés raparigas, provavelmente devido a o facto de os bebés rapazes parecerem crescer um pouco mais depressa e precisarem de um pouco mais de leite, criando assim uma maior oferta de leite nas suas mães **(Kent et al., 2006)**

Factores que afectam a lactação

Para aumentar a expressão do leite, os galactogogues (substâncias que aumentam a oferta de leite) são frequentemente utilizados para ajudar as mães a manter e recuperar a sua oferta de leite. As opções são os galactogogos à base de plantas como o feno-grego (Sem estudos controlados mas geralmente reconhecidos como seguros), metoclopramida (Reglan) e domperidona (Motilium). Tanto a metoclopramida como a domperidona aumentam a secreção de prolactina (hormona do leite) da hipófise anterior **(Wan et al., 2008).**

Exercício

Verificou-se que o exercício aeróbico melhora a aptidão cardiovascular e não afecta a transferência de energia do leite para o bebé num estudo que incluiu 33 mulheres sedentárias cujos bebés estavam a ser amamentados exclusivamente ao peito e foram aleatoriamente atribuídos a um grupo de exercício (18 mulheres) e a um grupo de controlo (15 mulheres). O programa de exercício consistiu em exercício aeróbico supervisionado (a um nível de 60 a 70 por cento da reserva da taxa cardíaca) durante 45 minutos por dia, 5 dias por semana, durante 12 semanas. Não houve diferenças significativas entre os dois grupos no peso corporal materno ou perda de gordura, no volume ou composição do leite materno, no ganho de peso do bebé, ou nos níveis de prolactina materna durante o estudo de 12 semanas **(Dewey, 1998).**

A segurança do exercício recreativo para mães lactantes foi examinada num estudo prospectivo de intervenção. Trinta e três mulheres, com 6-8 semanas de pós-parto e amamentação exclusivamente, foram escolhidas aleatoriamente para se juntarem a um exercício ou a um grupo de controlo. O grupo de exercício participou num programa de actividades aeróbicas com uma média de 4,5 sessões por semana. Após 12 semanas, a capacidade aeróbica era significativamente maior nas mulheres que tinham feito exercício do que nos controlos, mas não foram observadas diferenças no peso corporal, gordura corporal, gasto energético, ou taxa metabólica de repouso (RMR). O programa de exercício não teve qualquer efeito na produção ou composição do leite materno ou no ganho de peso do bebé. Isto demonstra que o exercício recreativo suficiente para melhorar a aptidão cardiovascular sem alterar substancialmente o equilíbrio energético e não afecta negativamente o desempenho da lactação **(Prentice, 1994).**

Wallace et al., (1992) declararam que havia uma diferença significativa na aceitação de leite pré-exercício e leite pós-exercício conforme analisado pela análise de variância. O exercício máximo resultou num aumento significativo da concentração de ácido láctico no leite materno que pode ser suficientemente elevado para afectar o sabor do leite.

O exercício parecia não ter influência significativa no crescimento infantil até 52 semanas após o nascimento, uma vez que não havia diferença nos meios de peso infantil e nas alterações de comprimento. O nível de exercício da mãe não foi significativamente associado ao aleitamento materno até 6 ou 12 meses **(Su et al., 2007).** Cinquenta e três mulheres participaram noutro estudo: 29 no grupo de exercício e 24 no grupo de controlo. Não houve diferenças significativas entre os 2 grupos em características de base, excepto no que diz respeito à sua aptidão cardiovascular. Apesar do maior nível de aptidão cardiovascular das mulheres praticantes de exercício, não houve diferenças significativas no peso corporal ou na percentagem de gordura corporal entre os 2 grupos. Além disso, o leite materno das mulheres praticantes de exercício físico tinha concentrações basais de imunoglobulina A (IgA), lactoferrina e lisozima semelhantes às do leite das mulheres sedentárias **(Cheryl et al., 2003).**

Assim, foi notado pelos estudos anteriores que o exercício moderado não produz qualquer efeito significativo na lactação e o exercício máximo altera o sabor do leite e a sua aceitação pelo bebé.

As respostas da prolactina e da oxitocina à amamentação e à massagem mamária foram examinadas em mulheres lactantes. O grupo de amamentação mostrou aumento da frequência de libertação de oxitocina por pulsátil e aumento do nível de prolactina plasmática. Em contraste, o grupo de massagem mamária mostrou um aumento significativo, mas não pulsátil, do nível de oxitocina plasmática e nenhum aumento do nível de prolactina plasmática. Estes resultados sugerem que a amamentação causa tanto a produção de leite como a sua ejecção, enquanto que a massagem mamária causa apenas a ejecção de leite já armazenado em acini, e que a libertação de prolactina não está relacionada com o aumento do nível de oxitocina em si, mas com a sua libertação de pulsátil *(***Yokoyama et al., 1994).**

Ervas

Jensen, (1992) relatou que o feno-grego é um potente estimulador da produção de leite materno. O mecanismo de acção é desconhecido. Foi sugerido que o feno-grego pode afectar a produção de leite porque o peito é uma glândula sudorípara modificada, e o sabe-se que a erva estimula a produção de suor. Não tem havido investigação formal sobre o feno-grego, mas uma quantidade crescente de evidências observacionais e anedóticas aponta para a sua eficácia. Contudo, como o feno-grego pode ser um estimulante uterino, deve ser evitado durante a gravidez, pelo que são necessárias mais investigações para estabelecer mais evidências científicas sobre a eficácia da erva no aumento da produção de leite.

Foi sugerido que duas ou três cápsulas de feno-grego três vezes por dia é a dose recomendada. A dose sugerida no rótulo de algumas marcas, no entanto, é uma cápsula três vezes por dia. As mães devem saber que tomar uma quantidade tão pequena de feno-grego não parece melhorar a produção de leite. O chá de feno-grego pode ser utilizado, mas os chás são considerados menos potentes do que as cápsulas. O chá de feno-grego tem um sabor amargo algo desagradável **(Castleman, 1991).**

Poucas mulheres relatam efeitos adversos com feno-grego, algumas podem notar um ácer - como odor à sua urina - algumas podem desenvolver diarreia, que rapidamente diminuiu quando a dosagem foi diminuída ou a erva foi descontinuada. As mães com diabetes devem ter cuidado devido à tendência da erva para baixar os níveis de glicose no sangue **(Castleman, 1991**).

Nutrição e fluidos

É amplamente assumido que a produção de leite requer um elevado consumo de líquidos por parte da mãe, mas as provas sugerem que as mulheres lactantes podem tolerar uma quantidade considerável de restrição de água e que os líquidos suplementares têm pouco efeito no volume de leite. Mulheres lactantes que não consumiram alimentos ou líquidos das 5:00 às 19:30 durante o Ramadão perderam 7,6% da sua água corporal total e experimentaram aumentos nos índices de desidratação do soro, embora os valores se mantivessem dentro do intervalo normal. O volume de leite não foi afectado, mas alterações na composição do leite (menores concentrações de lactose; aumento da osmolalidade devido a maiores concentrações de electrólitos) indicaram alterações na permeabilidade das células mamárias. A rotação da água foi muito elevada, em parte porque as mulheres aparentemente se sobre-hidrataram durante a noite antes do período de jejum A ingestão adequada de líquidos durante a lactação é desejável para manter a saúde materna, mas os líquidos suplementares consumidos em excesso de sede natural não têm qualquer efeito sobre o volume de leite também desencorajam a ingestão de grandes quantidades de café, outras bebidas e medicamentos contendo cafeína, e café descafeinado **(Hamosh e Garza, 1991).**

Riordan, (2004) afirmou que a mãe lactante não precisa de manter uma ingestão calórica nitidamente mais elevada do que a mantida antes da gravidez: na maioria dos casos, 400-500 calorias em excesso do que é necessário para manter o peso corporal da mãe é suficiente.

A investigação confirmou que mesmo que faltem alguns nutrientes na dieta diária de uma mulher, ela continuará a produzir leite que ajudará o seu filho a crescer. Há muito pouca diferença entre o leite de mães saudáveis e o de mães que estão gravemente subnutridas. Por exemplo, se a dieta de uma mãe é carente em calorias, o seu corpo compensa o défice, recorrendo às reservas estabelecidas durante a gravidez ou antes. A menos que haja uma razão física para a baixa produção de leite, uma mulher que amamenta com leite materno sera capaz de produzir leite suficiente para o seu bebé, independentemente do que ela come. Tem sido dada muita atenção à dieta do peito mãe alimentar em todo o mundo. Não é realmente surpreendente que muitas culturas façam uma ligação directa entre a dieta de uma mulher e o leite que ela produz para o seu filho, por isso é fácil compreender porque é que existem tantas recomendações e tabus em relação ao que uma mãe amamentadora come. Algumas destas ideias têm de facto uma base, enquanto outras são o resultado de atitudes culturais, noções e superstições **(Parpia Khan, 2004).**

Em poucas palavras, uma dieta saudável, tanto para uma mãe lactante como para a maioria das outras pessoas, é definida pelos termos variado, equilibrado, e natural. Uma dieta variada é aquela que inclui um sortido de diferentes grupos de alimentos, sem excluir nenhum em particular. Mas mesmo no caso de alergias específicas ou intolerância alimentar, uma dieta que inclui diferentes tipos de alimentos e varia de refeição para refeição, de dia para dia e de estação para estação, ajudará a reduzir as reacções que podem surgir com o consumo repetido de grandes quantidades de um determinado alimento **(Parpia Khan, 2004).**

Obesidade

A obesidade pode ser dividida em geral e -regional‖. Existem 2 tipos principais de obesidade regional em termos de distribuição de gordura e risco de desenvolvimento de doenças, ginecoide e androide. O tipo de distribuição de gordura gynecoid é comum nas mulheres. A forma -pear‖ indica que os depósitos mais pesados de gordura ocorrem em torno da coxa e nádegas. A principal função desta gordura é como reserva de energia para apoiar a gravidez e a lactação. Os indivíduos com este tipo de distribuição não desenvolvem tipicamente uma diminuição do metabolismo da glicose **(Abolfotouh et al., 2008).**

A obesidade materna tem uma associação negativa com início como a continuação do aleitamento materno, que pode ser atribuída ao aumento excessivo de peso gestacional, complicações da gravidez e do parto, ou condição da criança ao nascimento (**Rasmussen, 2007**). O excesso de gordura impedir o desenvolvimento da glândula mamária e a lactogénese em mulheres obesas (**Oddy et al., 2006**). Quanto maior for o índice de massa corporal (IMC) da mãe antes da gravidez, menor será a probabilidade de iniciar o aleitamento materno (**Manios et al., 2009**) e maior será a probabilidade de ela interromper o aleitamento materno mais cedo (**Baker et al., 2007**). Outros relacionaram a obesidade infantil com o controlo parental da alimentação aos 1 ano de idade (**Farrow e Blissett, 2008**) e a rápida velocidade de crescimento durante a infância (**McCarthy et al., 2007**), atribuindo isto à alimentação por fórmula (**Berall e Desantadina, 2007**). Além disso, foi demonstrado que o padrão de ingestão alimentar de gorduras e energia entre as crianças se assemelha ao dos seus pais, sendo fundamental a influência dos pais durante a primeira infância (**Oliveria et al., 1992**).

A investigação mostra que as mães obesas (com IMC >30) são menos propensas a iniciar a lactação, retardaram a lactogénese II, e são propensas à cessação precoce do aleitamento materno. As mulheres com excesso de peso e obesas reduziram as respostas prolongadas à amamentação. As mulheres que são obesas correm o risco de trabalhos de parto prolongados, stress de parto excessivo e parto cesáreo, o que atrasa a lactogénese II. A lactação tem um papel pequeno mas significativo na prevenção da futura obesidade na mãe e no filho. A gestão dos problemas de lactação relacionados com a obesidade começa com a educação sobre o ganho de peso pré-natal óptimo e a avaliação regular do peso para evitar o ganho excessivo. Apoio aos processos fisiológicos de parto para evitar o stress,

O parto prolongado, e o parto cirúrgico e para limitar a separação materno-infantil melhora o início da lactogénese II. Os bebés de mulheres lactantes com cirurgia bariátrica prévia estão em risco de deficiência de vitamina B12 e requerem uma nutrição regular e uma avaliação de crescimento. A restrição de quinhentas calorias por dia associada ao exercício aeróbico para a perda intencional de peso pós-parto não afecta a qualidade do leite nem o crescimento dos bebés **(Jevitt, 2007).**

Dewey, (1998) indicou que um défice energético a curto prazo de 35%, conseguido através de uma dieta ou uma combinação de dieta e aumento de exercício, resulta numa perda de peso >1 kg/semana e não afecta negativamente a lactação. O exercício melhora a manutenção da massa magra do corpo e é, portanto, um componente recomendado de qualquer programa de perda de peso. A concentração de prolactina plasmática materna aumenta geralmente em condições de balanço energético negativo, o que pode servir para proteger a lactação.

Além disso, **McCrory et al.,(1999)** afirmaram que a perda de peso a curto prazo (1 kg/semana) através de uma combinação de dieta e exercício aeróbico parece segura para as mães que amamentam e é preferível à perda de peso conseguida principalmente através de dieta, porque esta última reduz a massa corporal magra materna.

Stephenson et al., (2006) sugeriram que as mulheres lactantes com excesso de peso podem restringir o seu consumo energético em 500 kcal por dia através da diminuição do consumo de alimentos ricos em gordura e açúcares simples. Contudo, devem ser aconselhadas a aumentar a sua ingestão de alimentos ricos em cálcio e vitamina D. O aumento da ingestão de frutas e vegetais deve também ser recomendado a todas as mulheres lactantes, bem como de multivitaminas e suplementos de cálcio para aqueles que não consomem quantidades adequadas destes alimentos.

Domperidone

Foram relatados vários graus de sucesso com estratégias para aumentar a produção de leite quando a lactação está a falhar, incluindo apoio, técnicas de relaxamento, expressão mecânica e terapia medicamentosa. De todas as intervenções farmacológicas para aumentar a lactação, a metoclopramida, um antagonista central da dopamina, tem sido a mais estudada. No entanto, atravessa a barreira hemato-encefálica, é segregada em quantidades significativas no leite materno e tem sido relatado que afecta as respostas mediadas pela dopamina em descendentes de ratos lactantes **(Hill et al., 1996).**

Domperidona (Motilium) é um antagonista periférico da dopamina geralmente utilizado para controlar náuseas e vómitos, dispepsia (Upset stomach), gastroparesia diabética (Esvaziamento pobre do estômago que ocorre em diabéticos) e refluxo gástrico (azia). Bloqueia receptores periféricos de dopamina na parede intestinal e no centro da náusea do tronco cerebral **(Hale, 2008).**

A Academia Americana de Pediatria (AAP) enumera a domperidona como um medicamento compatível com a amamentação. Segundo o fabricante, os efeitos secundários adversos incluem reacções alérgicas raras; efeitos secundários extrapiramidais raros; sintomas intestinais raros incluindo cólicas; galactorreia rara (produção de leite), ginecomastia (aumento do tamanho dos seios) e amenorreia (falta de períodos menstruais) (**American Academy of Pediatrics Committee on Drugs, 2001).**

A domperidona é um antagonista periférico da dopamina que é indicado para utilização como modificador da motilidade gastrointestinal superior. A forma como a domperidona aumenta a produção de leite não é bem compreendida. É feita a hipótese de que a droga estimula a secreção de prolactina **(Da Silva et al., 2001).**

A domperidona aumenta indirectamente a secreção de prolactina, ao interferir com a acção da dopamina. Uma das acções da dopamina é que diminui a secreção de prolactina pela glândula pituitária. A domperidona é geralmente utilizada para perturbações do tracto gastrointestinal (intestino) e não foi libertada para ser utilizada como estimulante para a produção de leite. Isto não significa que não possa ser prescrito por esta razão, mas sim que o fabricante não apoia a sua utilização para aumentar a produção de leite. No entanto, existem vários estudos que demonstram que funciona para aumentar a produção de leite e que é seguro. A domperidona nunca deve ser utilizada como primeira abordagem para corrigir as dificuldades de aleitamento materno. A domperidona não é uma cura para todas as coisas. Não deve ser usada a menos que todos os outros factores que possam resultar num fornecimento insuficiente de leite tenham sido tratados em primeiro lugar **(Iannelli, 2004).**

Num estudo feito por **Campbell-Yeo et al., (2010)** para conhecer o efeito da Domperidone no aumento do volume de leite materno das mães prematuras que experimentaram falha na lactação, notou-se que houve um aumento do volume de leite sem alterar substancialmente a composição nutricional do leite materno.

Domperidone, actuando como um antidopaminérgico, aumenta a concentração de prolactina e aumenta a lactação. Como agente procinético, a dose oral máxima aprovada de domperidona é de 20 mg dada 4 vezes por dia, e os efeitos adversos transitórios relatados incluem cólicas abdominais, boca seca, e dores de cabeça. Como galactagogo, 2 estratégias de dosagem mais pequenas de domperidona (10 mg ou 20 mg 3 vezes por dia) foram exploradas pelos autores de 3 estudos envolvendo mães de termo18 e pré-termo (**Wan et al., 2008**).

houve um debate sobre a utilização da domperidona durante a amamentação, uma vez que a Federal Drug Administration (FDA) emitiu um Alerta em Junho de 2004, alertando as mulheres contra a utilização da domperidona para aumentar a produção de leite **(FDA, 2004).**

Quanto à eficácia da domperidona como galactagogo, os dados disponíveis são limitados. No entanto, foi demonstrado que aumenta a produção de leite materno num pequeno ensaio aleatório, duplo-cego e controlado por placebo de **Da Silva et al., (2001)**. São necessários mais dados para confirmar a segurança a longo prazo da domperidona na amamentação de bebés também é necessária mais investigação de estudos bem concebidos para clarificar a dose ideal e a duração da terapia com domperidona com o objectivo de aumentar a produção de leite materno **(Ruddock, 2005).**

Zuppa et al., (2010) explicaram a acção dos Galactagogues (metoclopramida e domperidona) como agente antiemético que actua como antagonista periférico da dopamina. Aumentam a libertação de prolactina e aumentam a produção de leite através do bloqueio de receptores hipotalâmicos dopaminérgicos. A prolactina é uma hormona peptídeo principalmente sintetizada e secretada por adenohypophysis. É segregado na corrente sanguínea em resposta ao estímulo de sucção no mamilo materno.

Petraglia et al., (1985) realizaram um estudo duplo-cego em 32 mães de bebés de termo com lactação deficiente que receberam domperidona (10 mg 3 vezes por dia) ou placebo e observou-se um aumento significativo na produção diária de leite nas mães tratadas.

Da Silva et al., (2001) realizaram um estudo duplo-cego sobre mães de bebés prematuros, dispensando, durante 7 dias, domperidona (10 mg, 3 vezes por dia) a 11 sujeitos e um placebo aos 9 sujeitos, a produção de leite durante os primeiros 7 dias aumentou 44,5% nas mães tratadas, e 16,6% nos controlos. No entanto, os níveis basais de produção de leite foram mais elevados no grupo tratado do que no grupo placebo (112,6 ± 128,7 vs. 48,2 ± 63,3 ml). No quinto dia, os níveis de prolactina no soro eram significativamente mais elevados nas mulheres tratadas.

Campbell-Yeo et al., (2010), que conduziram o seu estudo sobre quarenta e seis mães, sofreram falhas na lactação e foram aleatoriamente designadas para receber domperidone ou placebo durante 14 dias. No 14º dia, o volume de leite materno aumentou 67% no grupo tratado com domperidona e 18,5% no grupo placebo. A prolactina de soro aumentou 97% no grupo da domperidona e 17% no grupo do placebo. A proteína média do leite materno diminuiu 9,6% no grupo da domperidona e aumentou 3,6% no grupo do placebo (*P* = .16). Assim, a domperidona aumenta o volume de leite materno das mães prematuras que sofrem de falhas na lactação, sem alterar substancialmente a composição nutritiva.

Houve estudos que examinaram o efeito da metoclopramida no teor de macronutrientes e de sódio do leite materno de termo. Quando amostras de leite materno termo de mulheres primíparas a tomar metoclopramida foram comparadas com amostras de um grupo semelhante a tomar um placebo, verificou-se uma diminuição do conteúdo proteico a um ritmo acelerado no grupo de tratamento (**De Gezelle et al., 1983).** Isto também foi relatado por **Ertl et al., (1991).**

Terapia laser

Laser é um acrónimo de amplificação da luz através da emissão estimulada de radiação. A aplicação do laser é legião e abrange quase todos os campos do esforço humano, desde a medicina, ciência e tecnologia até aos negócios e entretenimento (**Brown et al., 2002**).

A laserterapia é uma forma de fototerapia que envolve a aplicação de luz monocromática sobre tecido biológico para obter um efeito biomodulador dentro desse tecido. LLLT, o nome mais usado dado a esta forma de fotobiomodulação, pode ter tanto um efeito fotobioestimulador como um efeito fotobioinibitivo dentro do tecido irradiado, cada um dos quais pode ser utilizado em várias aplicações terapêuticas. O LLLT está a ganhar uma aceitação crescente na medicina convencional, fisioterapia e acupunctura **(Baxter, 1994).**

A terapia laser produz melhorias clinicamente significativas numa variedade de condições de tecidos moles, tais como lesões em tecidos moles, feridas e neuropatias. Também o LLLT produz uma redução significativa da dor ao aumentar a produção do corpo de endorfinas, bem como o seu aumento das velocidades de circulação do sangue **(Walker, 2002)**.

Física do laser

LLLT que também é conhecido como laser suave, frio ou de bioestimulação, não produz calor como laser de maior potência. Diz-se que o laser frio fornece energia luminosa profunda aos tecidos e promove a fotobioestimulação **(Bill, 2006).**

Existem três componentes principais do aparelho laser:

(A) Bomba de fonte de energia

Uma fonte de energia adequada é utilizada para excitar ou bombear o meio duradouro para o nível de energia mais elevado que é necessário para a produção de radiação laser. Uma fonte de energia como a fonte de energia eléctrica de alta tensão, lâmpada de flash (um flash de alta potência utilizado em alguns lasers), fonte química e térmica pode ser utilizada para excitar o meio de laser **(Vjj e Mahesh, 2002).**

(B) Meio duradouro

Um meio duradouro é um material capaz de absorver a energia produzida por uma fonte de excitação externa através de alterações na configuração subatómica das suas moléculas componentes, átomos ou iões e de emitir subsequentemente este excesso de energia como fótons de luz, a energia da fonte de energia excitada dos átomos do meio volta espontaneamente a um estado de excitação intermédio (ou metastable) e depois a um estado estável. Quando a maioria dos átomos são num estado metastável, uma situação chamada inversão da população. O meio pode estar sob a forma de gás, como dióxido de carbono ou sólido **(Low e Reed, 2000).**

(C) **Colimação**

Todas as fontes de luz convencionais emitem luz em todas as direcções, mas todas as ondas de luz laser são essencialmente paralelas e por isso são consideradas colimadas **(Vjj e Mahesh, 2002).**

Bill, (2006) concluiu que as propriedades da luz laser a tornam útil para muitas aplicações. O feixe laser pode ser concentrado num volume muito pequeno para alcançar uma concentração de energia muito maior que pode ser obtida a partir de outras fontes de luz. Estas propriedades também dão à radiação laser um maior potencial para causar lesões do que a luz de outras fontes. A irradiação laser com comprimento de onda de 830 nm pode penetrar até 4-6 cm de profundidade no tecido mole.

Tipos de laser

O laser pode ser classificado de acordo com o tipo do meio activo em laser de gás, laser de estado sólido, laser semi-condutor e laser líquido, como mostra a **tabela (2) (Rubahn, 2000).**

Tabela (2): Tipos de laser e seus comprimentos de onda (Citação de Rubahn, 2000).

Tipos de laser	*Meio activo*	*Comprimento de onda maior*
Laser de rubi	Sólido	694 nm
Ho- YAG-laser	Sólido	2100 nm
Laser Nd-YAG	Sólido	1064 nm
Ga-Al-As laser	Semicondutor	650-900 nm
Laser de corante	Líquido	400-800 nm
He-Ne laser	Gás	632-638 nm
Laser de árgon	Gás	418 nm
KTP laser	Gás	532 nm
laser	Gás	10600 nm

Interacção do tecido laser

A extensão da interacção depende do comprimento de onda do laser e do tipo de tecido **(Vjj & Mahesh, 2002).**

Reflexão:

O feixe laser não tem efeito sobre o alvo quando é reflectido fora do local do impacto, mas pode causar danos onde o feixe eventualmente atinge (**Vjj & Mahesh, 2002).**

Dispersão:

A distribuição da energia da luz laser dentro do tecido pode ser alterada quando o feixe é espalhado através do tecido. Se a energia dispersa for finalmente absorvida, então será convertida em calor. O feixe laser também pode voltar a espalhar-se, causando um risco potencial, por exemplo quando se utiliza um endoscópio, Nd: YAG laser

O feixe pode voltar a espalhar-se até ao endoscópio e causar danos na óptica e na extremidade distal do escopo **(Kitchen & Bazin, 2002).**

Transmissão:

Alguns comprimentos de onda do laser podem ser transmitidos através de certos tecidos mas têm pouco ou nenhum efeito térmico, por exemplo, o raio laser de árgon é transmitido através das porções claras das câmaras anteriores do olho para coagular os vasos sanguíneos na retina **(Gold, 2002).**

Absorção:

Os danos térmicos causados pela energia laser a ser absorvida pelo tecido dependem do comprimento de onda e da fluência do feixe e da cor, consistência e conteúdo de água do tecido. Os parâmetros importantes para determinar a interacção do laser com o tecido são o comprimento de onda, a densidade de potência e a duração do pulso **(Rubahn, 2000).**

Termal:

O mecanismo térmico envolve a conversão da energia laser em calor. Com a capacidade do laser de se concentrar em pontos de poucos micrómetros ou milímetros de diâmetro, as altas densidades de energia podem ser espacialmente confinadas ao tecido alvo do calor. O comprimento de onda da radiação incidente determina a profundidade de penetração **(Gold, 2002).**

Ftodisrupção:

Isto envolve a foto dissociação ou quebra directa de ligações intermoleculares em biopolímeros, causada pela absorção de fotões incidentes e subsequente libertação de material biológico **(Low e Reed, 2000).**

Electromecânico (Fotomecânico):

A interacção requer uma densidade de potência extremamente elevada entregue em pulsos extremamente curtos, com duração de nanossegundos. Estes induzem uma quebra dieléctrica no tecido resultando em micro plasma ou volume ionizado com um número muito grande de electrões e ocorre uma ruptura mecânica localizada do tecido **(Vjj & Mahesh, 2002).**

Fotoquímica:

O mecanismo fotoquímico é um processo químico iniciado pela absorção de radiação visível, ultravioleta ou infravermelha (IR). Estas reacções convertem frequentemente a energia luminosa em energia química de forma muito eficiente **(Kitchen & Bazin, 2002).**

Bioestimulação:

LLLT, também conhecido como laser de bioestimulação, que não produz calor, mas fornece energia luminosa profunda aos tecidos e promove a fotobioestimulação, que alegadamente produzem efeitos microestimuladores, estimulando processos como a síntese de ácido desoxirribonucleico (ADN), activação de complexos enzimático-substrato e transformação de prostaglandinas **(Bill, 2006).**

Hélio- néon (He-Ne) laser

O laser de hélio- néon (He-Ne) é um tipo de pequeno laser a gás. Os lasers He-Ne têm muitas utilizações industriais e científicas, e são frequentemente utilizados em demonstrações de óptica de laboratório. O seu comprimento de onda habitual de funcionamento é de 632,8 nm, na parte vermelha do espectro visível (**Verdeyen, 2000**).

O meio de ganho do laser, como sugere o seu nome, é uma mistura de hélio (He) e neon(Ne) gases, numa proporção de 5:1 a 20:1, contida a baixa pressão He a 1torr e Ne a 0,1torr (uma média de 50 Pascal por cm de comprimento da cavidade) num envelope de vidro. A fonte de energia ou bomba do laser é fornecida por uma descarga eléctrica de cerca de 1000 volts através de um ânodo e um cátodo em cada extremidade do tubo de vidro. A cavidade óptica do laser consiste tipicamente de um espelho plano, de alta reflexão numa extremidade do tubo de laser, e um espelho côncavo de saída de aproximadamente 1% de transmissão na outra extremidade. Os lasers He-Ne são normalmente pequenos, com comprimentos de cavidade de cerca de 15 cm até 0,5 m, e potências de saída óptica que variam entre 1 mW e 100 mW, **Fig. (2)** (**Verdeyen, 2000**).

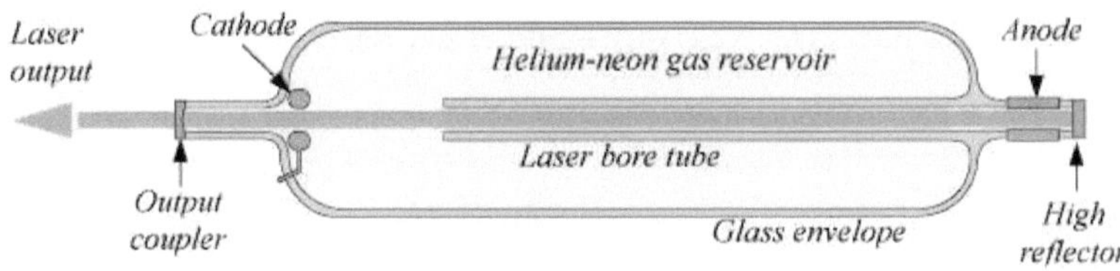

Fig (2): Diagrama esquemático de um laser de hélio-neon (Citado de Verdeyen, 2000).

He-Ne laser emite um feixe de laser visível, vermelho e frio a um comprimento de onda de 632,8 nm. As profundidades relatadas de penetração do feixe em tecido humano variam de 0,8 a 15 mm. A saída máxima do laser He-Ne, ao contrário dos lasers quentes mais potentes, é de cerca de 14 a 29 mJ em dosagens terapêuticas de 15 a 20 segundos (**Greathouse et al., 1985**).

O LLLT estimula processos de activação celular que intensificam a actividade fisiológica a nível celular. Pensa-se que a energia laser facilita as reacções entre a membrana celular através do citoplasma ao núcleo celular num processo chamado amplificação celular **(Burd et al., 2005).**

LLLT envolve a interacção de uma luz monocromática de baixa potência com sistemas biológicos a fim de iniciar efeitos biomodulativos. A biomodulação induzida por fotões (ou seja, a fotobiomodulação) foi objecto de vários estudos ao longo dos últimos anos. As exposições a laser de baixo nível produziram efeitos estimuladores e inibidores in-vitro e in-vivo, dependendo da dose de energia. Tradicionalmente, tem sido utilizada luz vermelha até perto do comprimento de onda IR para LLLT devido à profundidade superior de penetração no tecido. A maioria dos estudos fotobiomodulativos induzidos por laser de baixo nível foram realizados com os lasers He- Ne (**Gopalendu et al., 2007**).

Foi revelado em vários estudos que a LLLT possui a capacidade de estimular a cadeia respiratória localizada nas mitocôndrias; especificamente, acredita-se que a estimulação luminosa próxima da IR visa a citocromo oxidase, uma enzima terminal cujo papel é transferir electrões entre o complexo III e IV dentro do cadeia respiratória. Acredita-se que a estimulação da citocromo oxidase acelera a transferência de electrões e promove uma regulação ascendente da fosforilação oxidativa, produzindo mais moléculas de ATP (**Burd et al., 2005**).

Os lasers de baixa energia estimulam o tecido mas não têm efeito térmico em contraste com os lasers de alta energia que vaporizam o tecido. O laser de baixo nível emite uma luz visível a 630- 640 nm que passa facilmente através das camadas dérmicas. A irradiação laser de baixa intensidade demonstrou aumentar a quantidade de factores de crescimento que, por sua vez, causam um aumento na produção de matriz celular, angiogénese e libertação de citocinas (**Maiya et al., 2005**).

Com base na compreensão do mecanismo de origem da luz laser, observou-se que quando se utiliza luz de baixa intensidade, não há efeito térmico, ou seja, a energia dos fotões absorvida não é transformada em calor, mas em efeitos fotoquímicos, fotofísicos, e fotobiológicos. Este é um princípio importante da interacção entre a luz laser e espécimes de células ou tecidos. Quando aplicado numa dose apropriada, o laser pode estimular funções celulares vitais para o progresso e resolução do processo de cura através da bioestimulação dos tecidos, tais como aumento da produção de ATP mitocondrial, activação de linfócitos e mastócitos, e proliferação de fibroblastos e outras células, além de promover analgesia e efeitos anti-inflamatórios (**Adeir et al., 2007**).

Contra-indicações e Segurança do LLLT

Walker, (2002) declarou as contra-indicações e segurança do LLLT como sendo as seguintes:-

Irradiação dos Olhos, lasers de classe 3b são potencialmente nocivos para a retina. Embora os danos acidentais da retina sejam altamente improváveis, recomenda-se o uso de óculos de protecção laser, com o filtro correcto para o comprimento de onda e potência a ser utilizada. ***Gravidez***, o laser não é contra-indicado para utilização sobre o útero grávido; contudo, deve ser utilizado com precaução. É ideal como coadjuvante de outras modalidades utilizadas para o tratamento de dores nas costas ou outras queixas. ***Carcinoma***, não utilizar o laser sobre quaisquer lesões primárias ou secundárias conhecidas. A ***tiróide, o*** laser não deve ser utilizado sobre a glândula tiróide. ***Hemorragia***, é concebível que a vasodilatação mediada por laser possa agravar a hemorragia. Nas ***injecções de esteróides***, os doentes podem sofrer uma exacerbação dos sintomas após a terapêutica com laser em conjunto com uma injecção recente de esteróides. Por este motivo, o laser deve ser utilizado com precaução após uma injecção de esteróides no mesmo local ou perto dele. ***Anti-Coagulantes***, é possível que a pressão da sonda possa causar ligeiras contusões após o tratamento. ***Anti-inflamatórios***, os doentes que tomam anti-inflamatórios para lesões agudas dos tecidos moles podem não responder tão rapidamente à terapia laser como os que não o fazem. E, ***Higiene Geral***, as normas e protocolos de higiene clínica devem ser aplicados.

Indicação de LLLT

Baxter et al., (1994) admitiram que o LLLT demonstrou ser eficaz, mas não limitado a, tratar as seguintes indicações:

Lesões em tecidos moles, tais como: Capsulite, Bursite, Entorses e E s t i r p e s , Hematomas, Tendinite, Tenosinovite, Pontos de Gatilho Miofasciais e problemas agudos e crónicos das articulações incluindo, Osteoartrite, Artrite Reumatóide, Lesões Ligamentares e Tendões e Condromalacia Patella, Dores Crónicas ***tais como*** Neuralgia Pós-Herpética, Dor Crónica nas Costas e Pescoço, Neuralgia Metatarsalgia do Trigémeo, Neuralgia Braquial, Fascite Plantar, Síndrome do Ombro Congelado e Túnel Cárpico, Fracturas ***tais como:*** Não União, **Dermatologia, tais como::** Herpes, Úlceras nas Pernas, Dermatite, Queimadura, Cosmética e Acne.

Laser de baixo nível e peito

As feridas e feridas dos seios e do períneo foram tratadas com a mais recente tecnologia de LLLT. Um laser frio é utilizado para ajudar a curar e aliviar a dor. Existem provas clínicas substanciais publicadas em revistas médicas revistas por pares que

_cold' LLLT pode estimular a reparação de tecidos, reduzir a inflamação e aliviar a dor nas lesões músculo-esqueléticas. O LLLT é o método de primeira escolha antes de se tentarem terapias alternativas mais intensivas, porque alcança resultados rápidos. O LLLT é um tratamento indolor, estéril, não invasivo e sem drogas, que é utilizado para tratar uma variedade de síndromes de dor, lesões, feridas, fracturas, condições neurológicas e patologias **(Carroll, 2009).**

Num estudo realizado para examinar a eficácia do LLLT na redução da dor após o aumento dos seios, verificou-se que é fácil e seguro administrá-lo para diminuir a dor e a quantidade de medicação para a dor pós-operatória pelos investigadores sem reacções adversas observadas (**Jackson et al., 2009**).

Yamada et al., (2010) relataram que o LLLT é eficaz e seguro para reduzir os sintomas induzidos pelo cancro da mama como neuropatia, flash quente e dores nas articulações, no entanto, o mecanismo ainda é desconhecido.

O LLLT tem sido utilizado com sucesso em pacientes parturientes para o tratamento de mastite pós-parto e dor no mamilo (**Schaffer et al., 2000, Mokmeli et al., 2008**). Também, **Pietschnig et al., (2000)** apoiaram a utilização de laser suave no tratamento de mamilos doloridos em mulheres que amamentam como um método altamente eficaz.

Foram utilizados regimes individualizados de terapia laser para prevenir e tratar fissuras nos mamilos de 329 mães em risco de mastite e 68 mães com um curso pós-parto normal. Os resultados revelaram uma redução de cinco vezes na incidência de mastite no grupo de risco (de 18,6% para 3,7%, ou para valores característicos de um puerpério normal). Verificou-se que o comprimento de onda de 0,63 mícron era de maior eficácia preventiva e terapêutica, em comparação com o comprimento de onda de 0,89 mícron. Assim, os raios laser activaram o sistema imunitário, tal como reflectido pelo aumento dos níveis séricos de imunoglobulinas A, M&G e lactoferrina (Kovalev, **1990).**

A radiação laser e a corrente eléctrica directa foram utilizadas na terapia complexa da mastite supurativa aguda. A cavidade da ferida foi tratada por um laser focalizado até ao aparecimento de uma crosta de coagulação seguida de galvanização da glândula mamária. Tal abordagem da aplicação associada da radiação laser e do campo eléctrico de corrente contínua justifica-se patogenicamente e aumenta a eficácia do tratamento da mastite supurativa **(Alekseenko et al., 1987).**

A eficiência do laser de CO2 no tratamento de 104 pacientes com mastite de lactação aguda é demonstrada. A aplicação da técnica laser ajudou a tornar o período de tratamento dos pacientes 1,5-2 vezes mais curto em comparação com um grupo de controlo, para tornar a incidência de recidiva 3,8 vezes menos frequente (**Skobelkin et al., 1988**).

LLLT foi utilizado para cinquenta e quatro mulheres com uma insuficiência precoce de leite. Foi verificado um aumento da quantidade de leite materno segregado e um aumento do nível sérico de prolactina. O laser é aplicado com sucesso na insuficiência de leite, possuindo alterações estagnadas e inflamatórias na glândula lacteal (**Nedkova e Tanchev, 1995**).

Para explorar o efeito da intervenção do laser de hélio-neon combinado com onda ultra- curta em parturientes após a lactação, 92 casos qualificados foram divididos aleatoriamente em grupo de controlo e grupo de tratamento, cada um com 46.O grupo de controlo recebeu orientação sobre a amamentação convencional e os seios foram molhados comprimidos com toalhas quentes e massajados e o leite foi esvaziado por meio de sugador de leite. Ao grupo de tratamento foi oferecida irradiação laser hélio-neon combinada com o tratamento físico por meio de electrificador de alta frequência de onda ultra-curta dos seios. Foram feitas observações sobre a melhoria pós-intervenção na lactação e as incidências de mastite. A quantidade de lactação pós-intervenção do grupo de tratamento foi superior à do grupo de controlo e a taxa de incidências de mastite foi menor, sendo ambas as diferenças estatisticamente significativas ($P<0,05$). Assim, a aplicação do laser He-Ne combinando com onda ultra-curta pode melhorar a lactação e a ejeção de leite após a entrega e baixar a taxa de incidência de mastite **(Zhai et al., 2000).**

Num estudo feito para testar a eficácia da irradiação com laser He-Ne de baixa potência de ambos os lados da mama das mães lactantes, uma aplicação diária durante dez dias para estimular a lactação através da observação clínica, análise do leite e experiência laboratorial. Verificou-se que após quatro ou mais tratamentos de irradiação a secreção de leite se tornou abundante e nos três meses seguintes os bebés dependiam basicamente da amamentação. A lactação começou a aumentar e atingiu o máximo no 10º dia e manteve-se a um nível constantemente elevado quando os casos se mantiveram em observação durante 3 meses após o fim do tratamento, 65 dos 95 casos mantiveram a sua eficácia. De acordo com o efeito do raio laser à qualidade do leite, os teores de proteínas, lactose, gordura e IgA do soro mostraram diferentes graus de aumento **(Yang et al., 1985).**

Quando o estudo anterior foi realizado em ratos, os resultados obtidos a partir da análise com histoplasma e tintura histoquímica revelaram a função de secção das células da glândula mamária dos ratos, o nucléolo das células da glândula mamária do grupo irradiado aumentou, o retículo endoplasmático rugoso aumentou, o complexo de Golgi continuou a desenvolver-se, o volume do citoplasma aumentou, o grão de secreção aumentou e as mitocôndrias aumentaram e aumentaram com o alongamento das suas margens. Os vasos sanguíneos entre as glândulas mamárias eram mais numerosos e também apresentava um aspecto de linfócitos apinhados, a seda muscular do tecido epitelial aumentou e alongou-se **(Yang et al., 1985).**

Num estudo feito para conhecer o Efeito da Luz Polarizada (isto é, LLLT) Tratamento na Produção de Leite e Contagem de Células Somáticas de Vacas, os resultados mostraram que um tratamento laser regular de baixa potência do úbere de vacas pode reduzir significativamente a contagem de células somáticas do leite, pelo que tem um efeito anti-inflamatório em casos como a mastite, o que dificulta o aleitamento materno mais o seu aumento significativo da produção de leite. O tratamento pode ser aplicado durante a lactação sem interferir com o regime de ordenha **(Fenyo et al., 2008)**.

Tratamento a laser

O grupo (A) só tinha recebido 12 sessões de irradiação activa por feixe laser He-Ne de baixa potência em ambos os lados dos seios 10 minutos em cada lado durante 3 semanas. As sessões foram as seguintes 6 sessões diárias na 1ª semana e depois de dois em dois dias nas 2 semanas seguintes (3 sessões por semana) e o grupo (B) teve tratamento com laser placebo pela mesma forma de aplicação que o grupo (A) (mas o aparelho não estava ligado para emitir radiação laser).

Técnica

A mãe deitou-se em posição deitada no rodapé do tratamento usando o óculos de protecção como medidas de precaução para a sua segurança e expondo o peito para fora da roupa, depois o peito foi limpo com álcool. O aparelho laser foi dirigido perpendicularmente sobre o peito tratado a uma distância de 50 cm, todos os objectos metálicos devem ser removidos da gama de acção do laser (isto é, colares). O fisioterapeuta ajustou o feixe de varrimento laser ao tamanho da mama tratada durante 10 minutos com comprimento de onda 632,8 nm e potência de saída de 25 mw após o final da sessão de tratamento, a máquina desligou-se automaticamente nessa altura,

O fisioterapeuta ajustou novamente a máquina para iniciar a irradiação pelos mesmos procedimentos para a outra mama.

O aleitamento materno tem muitas implicações importantes para a saúde das mães e dos bebés. Contudo, pode haver obstáculos ao aleitamento materno mesmo nas mulheres mais motivadas. A prevalência da insuficiência de lactação pode atingir os 15% em mulheres recém-lactantes. A taxa de insuficiência de lactação é ainda mais elevada nas mães de bebés prematuros que têm de bombear leite materno para alimentar os seus bebés em unidades de cuidados intensivos neonatais. As causas da insuficiência de lactação são multifactoriais e incluem má amamentação, anomalias estruturais da mama e mamadas pouco frequentes pela criança. Incluem também uma fraca produção de leite e uma fraca desilusão **(Powers, 1999).**

Foi também provado que a aplicação do laser He-Ne combinado com ondas ultra curtas pode melhorar a lactação pós-entrega e a ejecção de leite e reduzir a taxa de incidência de mastite assegurando assim uma popularização clínica **(Zhai et al., 2000).**

Fenyo et al., (2008) examinaram o efeito do LLLT na produção de leite de vaca, os resultados mostraram que um tratamento laser regular de baixa potência do úbere das vacas pode reduzir significativamente a contagem de células somáticas do leite, pelo que tem um efeito anti-inflamatório em casos como a mastite, o que dificulta a amamentação e o seu aumento significativo da produção de leite. O tratamento pode ser aplicado durante a lactação sem interferir com o regime de ordenha.

um estudo de **Yang et al.,(1985)** que foi feito para testar a eficácia da irradiação com feixe laser He-Ne de baixa potência no aleitamento materno, uma vez que os seus resultados eram muito promissores com uma melhoria acentuada na quantidade e conteúdo de leite (proteínas, gordura e lactose).

Também **Yang et al..,(1985)** explicaram o efeito do LLLT na promoção do leite através da realização de uma experiência em ratos fazendo uma análise com histoplasma e tintura histoquímica que revelou a função das células da glândula mamária dos ratos, onde o nucléolo das células da glândula mamária do grupo irradiado aumentou, o retículo endoplasmático rugoso aumentou, o complexo de Golgi continuou a desenvolver-se, o volume do citoplasma aumentou, os grânulos secretores aumentaram e as mitocôndrias aumentaram e aumentaram com o alongamento das suas margens, os vasos sanguíneos entre as glândulas mamárias eram mais numerosos. Mostrou também o aspecto apinhado de linfócitos e seda muscular do tecido epitelial aumentada e alongada. A secreção de leite dependia do organismo secreto saudável e da função harmoniosa das glândulas de secreção da mãe.

O efeito do laser pode ser explicado da seguinte forma:

Os principais mecanismos da acção estimulante do laser são a melhoria da microcirculação e a síntese de proteínas. Foi demonstrado que os complexos nitrosyl das proteínas heme, tais como a hemoglobina e o citocromo c, são os cromóforos primários da radiação laser. Após a irradiação, podem facilmente dissociar-se para produzir óxido nítrico livre. Por sua vez, o óxido nítrico libertado pode ser responsável pelo relaxamento dos vasos sanguíneos e activação da respiração mitocondrial. Isto fenómeno é apenas observado durante a fototerapia através de radiação laser de baixa intensidade **(Vladimirov et al., 2004).**

Também os efeitos do LLLT são caracterizados por três factores principais. Primeiro, há um incremento da produção de ATP, uma vez que se considera que o laser aumenta a produção de ATP levando a um aumento da actividade mitótica e a um aumento da síntese proteica por mitocôndrias, segundo, há um estímulo à microcirculação, o que aumenta o fornecimento de elementos nutricionais, e finalmente formam-se novos vasos a partir de vasos pré-existentes **(Karu et al., 1995).**

O fluxo de sangue mamário de 24 horas necessário para produzir um litro de leite nas mulheres é (500:1). No entanto, dentro de uma mãe o fluxo de sangue mamário é acentuadamente reduzido numa glândula que sintetiza pouco leite em comparação com uma que produz um volume normal de leite **(Geddes, 2009).** Assim, com a capacidade do LLLT de formar novos vasos a partir de vasos pré-existentes (circulação colateral) e melhorando a microcirculação, isto pode melhorar a produção de leite.

Assim, do acima exposto, concluímos que o LLLT melhora a lactação através do aumento da função da glândula mamária, melhorando a sua estrutura e função histológica, bem como o seu papel no aumento do fornecimento de sangue ao tecido mamário através do seu efeito vasodilatador e na formação de novos vasos (circulação colateral), levando ao aumento da produção de leite e a uma maior sucção, o que melhora a secreção de mais prolactina, resultando no aumento do leite tanto em qualidade e quantidade e também leva a mais transferência de leite nos ductos leiteiros o que leva a mais gordura, proteínas e lactose e a mais ganho de peso para o bebé.

E ao comparar ambos os métodos de tratamento de acordo com o laser de segurança tem sido utilizado com segurança para tratar vários problemas da mama como feridas, feridas e dores **(Carroll, 2009).** E na redução da dor após a mamoplastia de aumento, verificou-se que é fácil e seguro administrá-la para diminuir a dor e a quantidade de medicação para a dor pós-operatória sem reacções adversas observadas **(Jackson et al., 2009).** Foi também eficaz e seguro na redução dos sintomas induzidos pelo cancro da mama como (neuropatia, afrontamentos e dores articulares) **(Yamada et al., 2010).**

Conselhos para a alimentação dos seios

1-Aconselhos sobre a técnica certa de amamentação

Posicionamento correcto para o aleitamento materno

A posição Cradle Hold, Fig. (5)

Esta posição foi escolhida para efeitos de padronização e pela sua familiaridade e facilidade. O terapeuta aconselhou as mães lactantes de ambos os grupos (A&B) sobre esta posição clássica de aleitamento materno que requer que a mãe acolha a cabeça do seu bebé com o braço torto. Sentar-se numa cadeira com o braço apoiado ou numa cama com muitas almofadas para apoiar as curvas do corpo, descansar os pés num banco ou em qualquer outra superfície elevada para evitar inclinar-se para o seu bebé se estiver sentada numa cadeira. Segurar o bebé no seu colo de modo a que o bebé esteja deitado de lado com o rosto, estômago e joelhos directamente virados para ela. Enfiar o antebraço do bebé debaixo do seu próprio braço. Se o bebé estiver a amamentar no seio direito, descanse a cabeça no tortuoso do seu braço direito. Estender-lhe o antebraço e dar-lhe as costas para apoiar o pescoço, a coluna vertebral e o fundo. Prender os joelhos contra o seu corpo, através ou logo abaixo do seu seio esquerdo. O bebé deve deitar-se horizontalmente, ou num ângulo ligeiro. O suporte de berço funciona muitas vezes bem para bebés de termo que tiveram um parto vaginal **(Huggines, 2010)**.

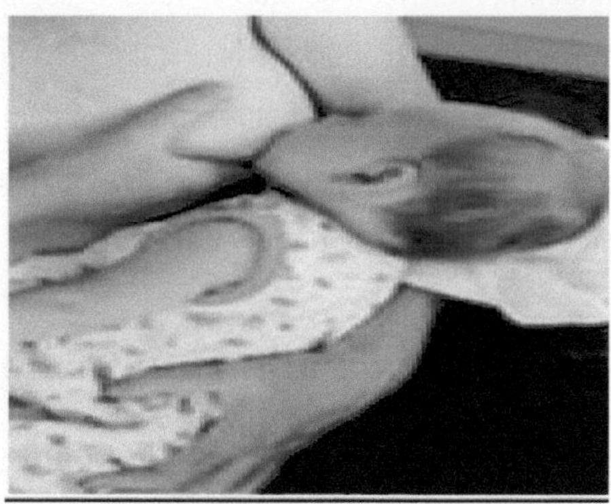

Fig. (5) O berço mantém posição para a amamentação (Citação de Huggines, 2010).

(A)**Passos da forma correcta de amamentação**

O fisioterapeuta aconselhou as mães lactantes em ambos os grupos (A&B) sobre a forma correcta de amamentação, na qual foram seguidos 6 passos Figos **(6 a, b, c, d, e & f)(Huggines, 2010):-**

1- A mãe lactante deve começar por colocar o seu mamilo entre o lábio superior e o nariz do seu bebé, e depois encorajar o bebé a abrir-se bem, escovando suavemente o lábio superior com o seu mamilo. Outra opção para a mãe lactante é escovar a bochecha do seu bebé com o mamilo, o que fará com que o bebé se vire para o mamilo com a boca aberta, ***Fig. (6a).***

Fig.(6a): 1º passo da forma correcta de amamentação (Citação de Huggines, 2010).

2- Quando o bebé está "enraizando" (procurando o peito com a boca aberta), a mãe lactante deve puxar o bebé para o peito (em vez de trazer o peito para a boca do bebé, **Fig. (6b).**

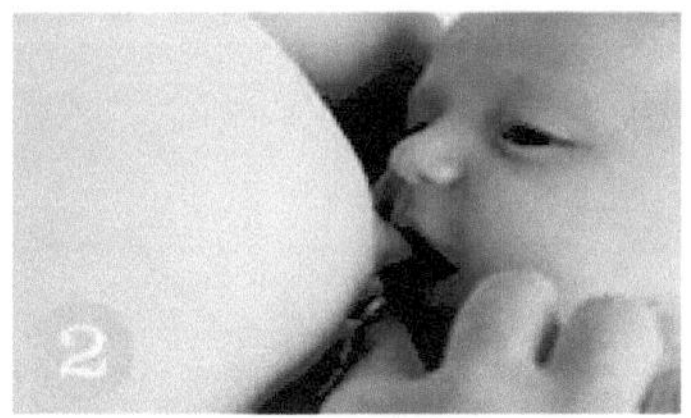

Fig. (6b): 2ª etapa da forma correcta de amamentação (Citação de Huggines, 2010).

3- À medida que o bebé se agarra, a mãe lactante precisa de ter uma grande boca cheia de tecido mamário. A melhor maneira de o fazer é com um "fecho assimétrico", o que significa que o bebé recebe mais tecido mamário na parte inferior da aréola, em vez de uma quantidade igual em toda a volta, **Fig. (6c).**

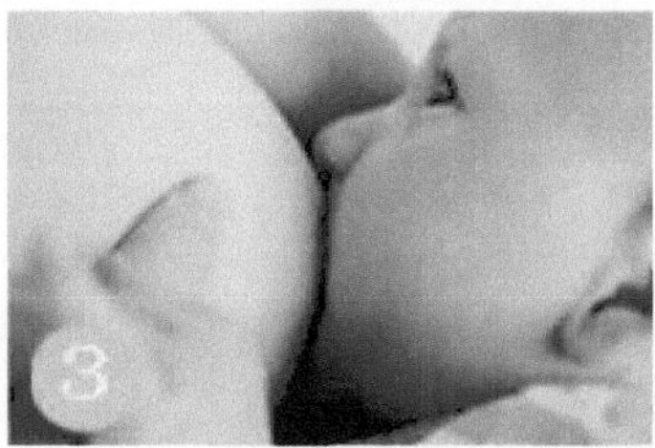

Fig. (6c)*:* 3ª etapa da forma correcta de amamentação (Citação de Huggines, 2010).

4- *Os lábios do bebé devem ser bem abertos à volta do peito. O melhor trinco é aquele em que a mãe lactante não sente qualquer dor e o bebé está a receber leite. (Oiça o som do bebé a engolir.); se o fecho do bebé doer, a mãe lactante deve quebrar a sucção - inserindo o dedo mindinho entre as gengivas do bebé e o peito - e tentar novamente,* **Fig. (6d).**

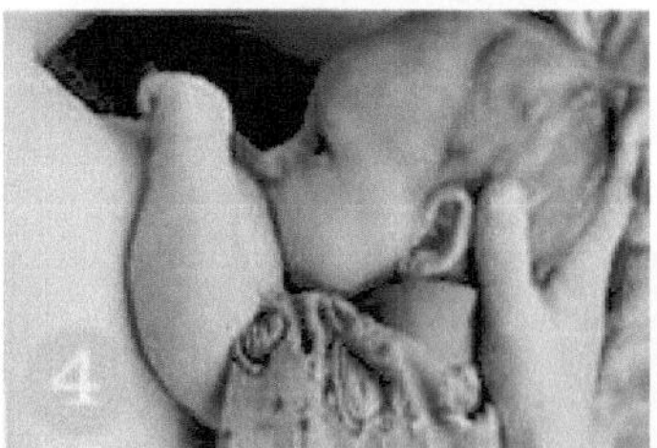

Fig. (6d): 4º passo da forma correcta de amamentação (Citação de Huggines, 2010).

5- Como as enfermeiras lactantes estão contentes, a mãe lactante pode segurá-lo por perto. A mãe pode também querer apoiar o peito, especialmente se os seios forem grandes **Fig. (6e).**

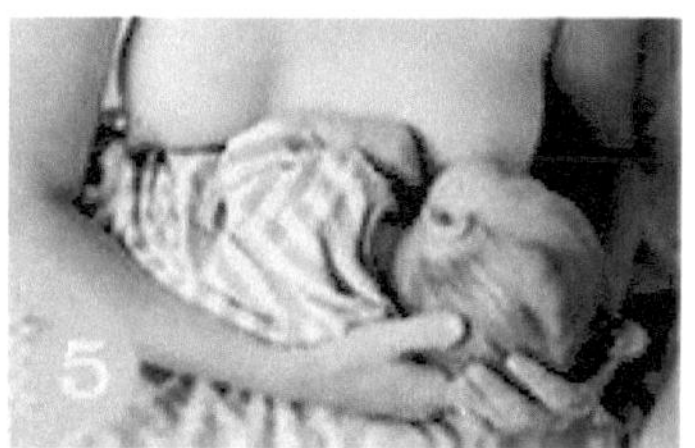

Fig. (6e): 5ª etapa da forma correcta de amamentação (Citação de Huggines, 2010).

6- Ficar confortável com a amamentação leva tempo - para a mãe e para o bebé. A mãe lactante não deve ser desencorajada. Uma vez que ela e o bebé estejam em sincronia, o aleitamento materno pode ser uma bela experiência, **Fig. (6f).**

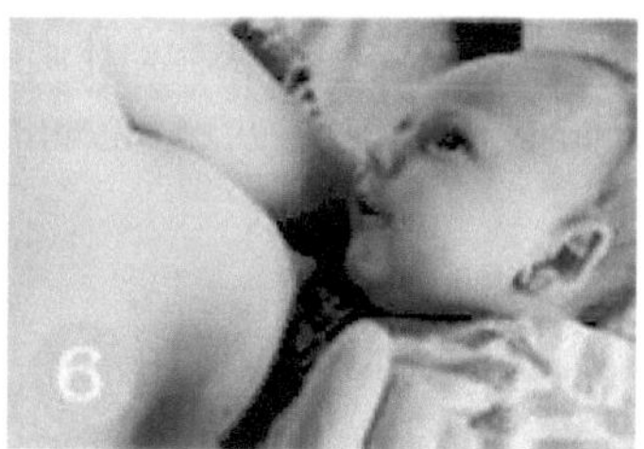

Fig. (6f): 6ª etapa da forma correcta de amamentação (Citação de Huggines, 2010).

2- Conselhos sobre nutrição e ingestão de líquidos pelas mães

O fisioterapeuta aconselhou as mães de ambos os grupos (A&B) sobre nutrição e ingestão de líquidos da seguinte forma (Bonyata, **2011**).

(A) Aconselhamentos sobre fluidos

- A mãe lactante deve manter uma bebida perto do local onde costuma amamentar o bebé ou na sua secretária no trabalho.

- A mãe lactante deve evitar sinais de que não está a receber líquidos suficientes, o que inclui urina concentrada (mais escura, cheiro mais forte que o habitual) e obstipação (fezes duras e secas).

- As mulheres lactantes precisam de cerca de 8 a 10 copos de líquidos por dia enquanto amamentam.

  NB: O corpo pode utilizar água de muitas fontes, incluindo vegetais, fruta, sopa, água, sumos de fruta e vegetais, leite, chá e outras bebidas.

- O consumo de cafeína deve ser limitado a 2 a 4 chávenas de café, chá ou cola por dia para a mãe lactante.

(B) Conselhos nutricionais

- As mães lactantes devem simplesmente ouvir o seu corpo e comer apetite, isto é normalmente tudo o que ela precisa de fazer para obter as calorias de que necessita.

- Uma mãe exclusivamente a amamentar precisará tipicamente da mesma quantidade de calorias que recebia no final da gravidez, ou até 200 calorias adicionais por dia, o que equivale a adicionar 1-2 aperitivos saudáveis por dia.

- A mãe lactante deve consumir uma dieta saudável que é definida por **Parpia Khan, (2004)** como variada, equilibrada, e natural.

➢ Uma dieta variada é aquela que inclui um sortido de diferentes grupos de alimentos, sem excluir nenhum em particular. Mas mesmo no caso de alergias específicas ou intolerância alimentar, uma dieta que inclua diferentes tipos de alimentos e varie de refeição para refeição, de dia para dia e de estação para estação, ajudará a reduzir as reacções que possam surgir com o consumo repetido de grandes quantidades de um determinado alimento.

➢ Uma dieta equilibrada pode ser alcançada comendo uma variedade de alimentos de cada grupo alimentar, bem como consumindo alimentos individuais em diferentes formas - tais como comer diferentes variedades de frutas e vegetais ou cozinhar alimentos de diferentes formas. Algumas vitaminas e proteínas são melhor absorvidas se outras vitaminas e minerais estiverem presentes ao mesmo tempo.

➢ Seguem-se os principais grupos de alimentos que devem ser incluídos na dieta diária da mãe lactante.

- Legumes e frutas frescas (de preferência as da época) de todos os tipos, consumidos crus ou cozinhados.
- Grãos diferentes (trigo, arroz, milho, cevada e painço) de preferência inteiros, em várias formas, sob a forma de grãos inteiros ou partidos, bem como sêmola e farinha (E produtos feitos a partir deles incluindo pão e massa).
- Alimentos proteicos de origem animal (produtos lácteos, ovos, carne e peixe) e/ou vegetal (lentilhas, feijão, soja).
- Pequenas quantidades de gorduras, de preferência não cozinhadas, óleos vegetais prensados a frio.

Referências

Abolfotouh, A.; Soliman, A.; Mansour, E.; Farghaly, M. e El-Dawaiaty, A. (2008): "Obesidade Central entre os Adultos no Egipto": Prevalence and Associated Morbidity", Eastern Mediterranean Health Journal, 14(1): 57-68.

Adeir, M., Beatriz, J., Luís, C. e Fernando, M. (2007):" Effects of Low-Level Laser Therapy on the Progress of Wound Healing in Humans: The Contribution of in Vitro and in Vivo Experimental Studies", Vascular Brasileiro, 6 (3):12-14, (Abst.).

Alekseenko,V., Palianitsa ,S., Tarabanchuk, V., Seniutovich, R. e Stoliar, V. (1987):" Treatment of Suppurative Mastitis Using Laser Irradiation and Continuous Electric Current",Vestn Khir Im II Grek., 139(10):54-57, (Abst.).

Alexander, K. e Reginald, S. (2005): "Breast is Best for Babies", Journal of The National Medical Association, 97 (7):5-9.

American Academy of Pediatrics Committee on Drugs (2001): "The Transfer of Drugs and Other Chemicals in to Human Milk", Pediatrics, 108(3):776-789.

Anderson, J., Johnstone, B. e Remley, D. (1999):" Breast-Feeding and Cognitive Development: A Meta-Analysis", Am J Clin Nutr., 70(4):525-535.

Babies.sutterhealth.org (2008):" Nutrition for Breast Feeding Mothers‖ < http://www.babies.sutterhealth.org,breast alimentação>.

Baker, J.; Michaelsen, K. e Sorensen, T. (2007):" High Prepregnant Body Mass Index is Associated with Early Termination of Full and Any Breast feeding in Danish Women", Am. J. Clin. Nutr., 86(2):404-411.

Bannister, L., Berry, M., Collins, P., Dyson, M. e Dussek, E. (1995): "Gray's Anatomy", 2nd Ed., Churchill, Livingstone, New York, USA, PP 417-424.

Barber, M., Clegg, R., Finley, E., Vernon, R. e Flint, D. (1992): "The Role of Growth Hormone, Prolactin and Insulin-Like Growth Factors in The Regulation of

Glândula Mamária de Rato e Metabolismo do Tecido Adiposo Durante a Lactação", J Endocrinol, 135:195-202.

Baxter, G. (1994): Therapeutic Lasers Theory and Practice, 2nd Ed., Churchill Livingstone, Edinburgh, PP. 64-78.

Berall, G. e Desantadina, V. (2007):" Prevention of Childhood Obesity through Nutrition: Review Of Effectiveness", CMAJ, 176:102-105.

Bergum V (2004): "Uma criança na sua mente. The Experience of Becoming a Mother", 1ª edição, Londres: Bergin & Garvey, PP 70-80.

Bill, R. (2006):" Targeting Pain", Colorad, 23: 1-8, (Abst.).

Bomalaski, J., Tabano, M., Hooper, L. e Fiorica, J. (2001):" Mammography. Current Opinion ", Obstet. Gynecol., 13:15-23.

Bonyata, K. (2011): " Do Breast Feeding Mothers Need Extra Calories or Fluids?‖, < http://kellymom.com ,Mother's Diet>.

Brown, S., Rohrich, R. e James, J. (2002):" Effect of Low Level Laser Energy on Society", Plastic Surgeon, 110(3):923-925.

Burd, A., Zhu, N. e Poon, V. (2005): "A Study of Q-Switched Nd:Yag Laser Irradiation And Paracrine Function in Human Skin Cells", Photodermatol Photoimmunol Photomed, 21(3):131-137.

Burns, M. e Haddad, A. (1998): "Galactorreia": Assessment and Treatment Options", US Pharmacist, 23(10):123-130.

Campbell-Yeo, M., Allen, A., Joseph, K. Ledwidge, M., Allen, V. e Dooley, K. (2010):" Effect of Domperidone on the Composition of Preterm Human Breast Milk", Pediatrics, 125 (1), 107-114.

Canadian Institute of Child Health (1996): "National Breast feeding Guidelines for Health Care Providers", Canadian Institute of Child Health, Ottawa, 79: 1-4.

Carroll, J. (2009): Terapia laser de baixo nível: Increasing Uptake, Medical Physics Web Research, PP.5-8.

Castleman, M. (1991):" The Healing Herbs", Emmaus, Rodale Press, PP 7-10.

Chersevani, R., Tsynoda, S., Giuseppetti, G. e Rizzalto, G. (1995): Peito, In: **Solbiati, L. e Rizzalto, S.** (eds.) Ultrasound of Superficial Structures, High Frequencies, Doppler and Interventional Procedures, 1st Ed., Churchill Livingstone, New York, USA, PP. 123-130.

Cheryl, A., Christie, P., e Cissy, G. (2003): "Effect of Exercise on Immunologic Factors in Breast Milk", Pediatrics, 111(2) 148-152.

Chierici, R., Saccomandi, D. e Vigi, V. (1999):" Suplementos dietéticos para A Mãe Lactante: Influence on The Trace Element Content Of Milk", Acta Paediatr Suppl., 88(430):7-13.

Comité sobre Nutrição, Academia Americana de Pediatria (2004): Vitaminas. In: **Kleinman, R.** (ed.) Pediatric Nutrition Handbook, 5th Ed., American Academy of Pediatrics, Illinois, PP. 339-363,.

Cox, B., Owens, A. e Hartmann, E. (1996): "Blood and Milk Prolactin and the Rate of MilkSynthesisinWomen", Exp. Physiol., 81:1007-1020.

Daly, S., Owens, R. e Hartmann, P. (1993): "The short-term Synthesis and Infant Regulated Removal of Milk in Lactating Women", Exp Physiol, 78: 209-215.

Da Silva, P., Knoppert C., Angelini M. e Forret A. (2001):" Effect of Domperidone on Milk Production in Mothers of Premature Newborns: A Randomized, Double-Blind, Placebo-Controlled Trial", CMAJ, 164:17-2.

De Gezelle, H., Ooghe, W., Thiery Dhont, M. (1983): 'Metoclopramide and breast milk', Eur J Obstet Gynecol Reprod Biol, 15:31-3.

Dewey, K. (1998): "Effects of Maternal Caloric Restriction and Exercise during Lactation", The Journal of Nutrition, 128(2): 386S-389S.

Dòrea,G. (2009): "Breast Feeding is an Essential Complement to Vaccination", Acta Paediatr., 98(8):1244-1250.

Ertl, T., Sulyok, E., Ezer, E., Sarkany, I., Thurzo, V. e Csaba, I. (1991): "The Influence of Metoclopramide on the Composition of Human Breast Milk", Acta Paediatr Hung, 31 (4):415- 422.

Farrow, C. e Blissett, J. (2008):" Controlling Feeding Practices: Cause or Consequence of Early Child Weight", Pediatrics, 121(1):e164-e169.

Federal Drug Adminstration Talk Paper (2004): FDA adverte as mulheres contra o uso de drogas não aprovadas, Domperidone, para aumentar a produção de leite.

Fenyo, M., Szita, G., Bartyik, J., Dora, J. e Bernath, S. (2008): "Effect of Polarized Light (LLLT) Treatment on Milk Production and Milk Somatic Cell Count of Cows", Cta. Vet. Brno, 77: 225-229.

Freeman, M., Kanyicska, B., Lerant, A. e Nagy, G. (2000):" Prolactin: Structure, Function, and Regulation of Secretion", Physiol Rev, 4(80): 1523-1527.

Gabay MP (2002): "Galactogogues": Medications That Induce Lactation", J Hum Lact, 18:274-279.

Geddes, T. (2009): "Ultrasound Imaging of The Lactating Breast": Methodology and Application", International Breast Feeding Journal, doi: 10.1186/1746-4358-4- 4.

Geddes, T., Kent, J., Prime, D., Spatz, D. e Hartmann, P. (2008): "Blood flow characteristics of the lactating breast", In 14th International Conference of the International Society for Research in Human Milk and Lactation (ISRHML). The University Club, Crawley, Oeste da Austrália, Austrália.

Ouro, M. (2002): Laser Principle, Laser in Medicine, 1ª edição, CRC Press, New York, PP 3-15.

Gopalendu, P., Ashim, D., Kunal, M., Michael, S.e Albert A. (2007):" Effect of Low Intensity Laser Interaction with Human Skin Fibroblastcells using Fiber-Optic Nano-Probes", Journal of Photochemistry and Photobiology, 86(3): 252-261.

Greathouse, D., Currier, D. e Gilmore, R. (1985): "Effects of Clinical Infrared Laser on Superficial Radial Nerve Conduction", Phys. Ther., 65:1184-1187.

Grummer-Strawn, L. e Mei, Z. (2004):" O aleitamento materno protege contra o excesso de peso pediátrico? Análise de Dados Longitudinais dos Centros de

DoençaControloLandPrevençãoPediatriaNutriçãoVigilância system", Pediatrics, 113(2):81-88.

Hale, W. (2008): Medications & Mothers' Milk, 13th Ed., Hale Publishing LP, Amarillo, TX, PP. 164-174.

Hamosh, M., e Garza, C. (1991): Nutriçãodurante alactação. Instituto de Medicina, Washington, DC, National Academy Press: PP 6, 12, 101-102.

Hanson, A. (2000):" The Mother-Offspring Dyad and The Immune System", Acta Paediatr., 89(3):252-258.

Henderson, A. (2003):" Domperidone. DiscoveringNewChoices for Lactating Mothers", AWHONN Lifelines, 7:54-60.

Hill, P., Aldag, J. e Chatterton, R. (1996):" The Effect of Sequential and Bombagem simultânea de mama em volume de leite e níveis de Prolactin: A Pilot Study", J Hum Lact, 12:193-199.

Huggines, K. (2010): Expressing, Storing and Feeding Breast Milk. In The Nursing Mothers Companion, 6th Ed., The Harvard Common Press, Boston, PP 192.

Iannelli, V. (2004):" Breast Feeding your Child Effectively, Domperidone to Increase Milk Production", http://pediatrics.about.com, Actualizado a 15 de Junho.

Innis, M. (2003): "PerinatalBiochemistryandPhysiology ofLong-Chain Polyunsaturated Fatty acids", J Pediatr., 143(4):1-8.

Jackson, R., Roche, G. e Mangione, T. (2009):" Low-Level Laser Therapy Effectiveness for Reducing Pain after Breast Augmentation", The American Journal of Cosmetic Surgery, 26 (3):15-20.

Jensen, R. (1992):" Fenugreek-overlooked but not forgotten", UCLA Lactation Alumni Association News letter, 1: 2-3.

Jensen, R. (1995): Handbook of milk composition, New York,Academic Press, PP. 5-10.

Jevitt, C. (2007)*:* "Lactation Complicated by Overweight and Obesity" (Lactação complicada por excesso de peso e obesidade): Supporting the Mother and Newborn", J Midwifery Women Health, 52(6):606-613.

Karu, T., Pyatibrat, L. e Kalendo, G. (1995): "Irradiação com laser He-Ne aumenta o nível de ATP em células cultivadas em Vitro", J. Photochem. Photobiol. B., 27:219-223.

Kent, J., Mitoulas, L. e Cregan,M. (**2006**):" Volume e Frequência da Alimentação Mamária e Teor de Gordura do Leite Materno ao longo do Dia" ,Pediatrics, 117(3):387-395.

Kim, J., Mizoguchi, Y. e Yamaguchi, H. (1997):" Removal of Milk By Suckling Acutely Increasing The Prolactin Receptor Gene Expression in The Lactating Mouse Mammary Gland", Molecular and Cellular Endocrinology, 131(1):31-38.

Kippley, S. (2005): Ecological Breast Feeding, In **Harskamp, K.** (ed.) Natural Family Planning: the Complete Approach, 1st Ed., Private Collection, Ch. 5, PP 12- 19.

Kitchen, S. and Bazin, S. (2002): Electrotherapy Evidence-based Practice, 11th Ed., ChurchillLiveingestone, Londres, PP. 171-179.

Klaus, M., Kennell, J. e Klaus, P. (**1996**)**:** Bonding Building the Foundations of Secure Attachment and Independence, 1a Ed., Massachusetts: Addison-Wesley Publishing Company, PP 170-188.

Kovalev, M. **(1990)**:" Prevention of Lactation Mastitis by the Use of Low-Intensity Laser Irradiation", Akush Ginekol, 2:57-61, (Abst.).

Lawrence, RA e Lawrence RM (1999): Physiology of Lactation In: **Lawrence RA e Lawrence RM,** (eds.), Breast Feeding: A Guide for the Medical Profession, 5th Ed, Mosby, St. Louis, PP. 59-94.

Ljungberg T (1995): "What is Natural for My Child? An Introduction to How Parents Can Take Take Care of Their Children in a More Natural, Biological Way", Nyköping: Exiris, 44:9-19, (Abst.).

Low, J. e Reed, A. (**2000**)**:** Terapia laser**: Em Dyson, M.** (ed): Electrotherapy Explained, 3rd Ed., Butterworth Tiedemann Company, Londres, PP. 357-363.

Lunn, P., Prentice, A., Austin, S., e Whitehead, R. (1980): "Influence of Maternal Diet on Plasma-Prolactin Levels during Lactation", Lancet, i: 623-625.

Maiya, G., Kumar, P. e Rao, L. (2005): "Effect of Low Intensity Helium-Neon (He-Ne) Laser Irradiation on Diabetic Wound Healing Dynamics", Photomed Laser Surg., 23(2):187-190.

Manios, Y.; Grammatikaki, E. e Kondaki, K. (2009):" The Effect of Maternal Obesity on Initiation and Duration of Breast Feeding in Greece: the GENESIS study‖, Pub. Saúde. Nutr., 12:517-524.

Martin, R., Ness, A. e Gunnell, D. (2004): "O Aleitamento Materno na Infância Baixa Pressão Arterial na Infância? The Avon Longitudinal Study of Parents and Children (ALSPAC)", Circulation, 109:1259-1266.

McCarthy, A.; Hughes, R. e Tilling, K. (2007):" Birth Weight; Postnatal, Infant, and Childhood Growth; and Obesity in Young Adulthoodood: Evidence from the Barry Caerphilly Growth Study", Am. J. Clin. Nutr., 86(4):907-913.

McCrory, M . Nommsen-Rivers, L., Molé, P. e Dewey ,K. (1999):" Randomized Trial of the Short-Term Effects of Dieting Compared with Dieting Plus Aerobic Exercise on Lactation Performance", Am J Clin Nutr, 69(5): 959-967.

Meier P. e Brown L. (1996): "State of The Science": Breast Feeding for Mothers of Low Birth Weight Infants", Nurs Clin North Am, 31:351-365.

Michaelsen ,F., Larsen ,S., Thomsen, L. e Samuelson, G. (1995):" The Copenhagen Cohort Study on Infant Nutrition and Growth: Breast Milk Intake, Human Milk Milk Macronutrient Content and Influencing Factors", Am J Clin Nutr, 59(3): 600-611.

Mihrshahi, S., Oddy, W., e Peat,K. (2008):" Association Between Infant Feeding Patterns and Diarrhoeal and Respiratory Illness: A Cohort Study in Chittagong, Bangladesh", International Breast Feeding Journal, doi: 10.1186/1746- 4358-3-28.

Miller, M. e Ferris, D. (1993):" Measurement of Subjective Phenomena in Primary Care Research: The Visual Analogue Scale", Fam. Pract. Res.J., 13:15-24.

Moberg, K., Widstr, A., Werner, S., Matthiesen, A. e Winberg, J. (1990): "Oxytocin and Prolactin Levels in Breast Feeding Women". Correlation with Milk Yield and Duration of Breast Feeding", Acta. Obstet. Gynecol. Scand.,

69(4):301 - 306.

Mokmeli, S., Khazemikho, N., Niromanesh, S. e Vatankhah, Z. (2008): "The Application of Low-Level Laser Therapy after Cesarean Section Does Not Compromise Blood Prolactin Levels and Lactation Status", Photomedicine and Laser Surgery,5(3):15-20.

Mortensen, EL., Michaelsen, K. e Sanders, S. (2002): "The Association between Duration of Breast Feeding and Adult Intelligence", JAMA, 287:2365-2371.

Nedkova,V., e Tanchev,S. (1995):" The Possibilities for Stimulating Lactation", AkushGinekol, 34(2):17-18(Abst.).

Noel, L., Suh, K. e Frantz, G. (1974): "Prolactin Release During Nursing and BreastStimulationinPostpartumandNonpostpartumSubjects", J Clin. Endocrinol. Metab., 38(3):413-423.

Oddy, H. (2002): "The Impact of Breast Milk on Infant and Child Health", Breast Feed Rev., 10(3): 5-18.

Oddy, W., Li, J. e Landsborough, L. (2006):" The Association of Maternal Overweight and Obesity with Breast Feeding Duration", J. Pediatr., 149(2):185-191.

Olang, B., Farivar, K., Heidarzadeh, A., Strandvik, B. e Yngve, A. (2009): "Breast Feeding in Iran" (Amamentação no Irão): Prevalence, Duration and Current Recommendations", International Breast Feeding Journal, doi: 10.1186/1746-4358-4-8.

Oliveria, S.; Ellison, R. e Moore, L. (1992):" Parent-Cild Relationships in Nutrient Intake: The Framingham Children's Study", Am. J. Clin. Nutr., 56(3):593-598.

Osman, H., El Zein, L. e Wick, L. (2009): "Crenças culturais que podem desencorajar a amamentação entre as mulheres libanesas: uma análise qualitativa", International Breast Feeding Journal, doi: 10.1186/1746-4358-4-12.

Paine, P. e Dorea, G. (2001): "Gender Role Attitudes and Other Determinants of Breast Feeding Intentions in Brazilian Women", Child: Cuidados, Saúde e Desenvolvimento, 27:61-72.

Paramasivam, K., Michie, C., Opara, E. e Jewell A. (2006): "Imunologia do Leite Materno Humano", Int. J. Fertil. Women Med., 51:208-217.

Parpia Khan, S. (2004): "Maternal Nutrition during Breast Feeding‖, New Beginnings, 2 (21): 44.

Petraglia, F., De Leo, V., Sardelli, S., Pieroni, M., D'Antona, N. e Genazzani, A. (1985): ·Domperidone em defeituoso e insuficiente lactation‖, Eur J Obstet Gynecol Reprod Biol, 19: 281-287.

Pietschnig, B., Pani, M., Käfer, A., Bauer, E. e Lischka, A. (2000):" Use of Soft Laser in The Therapy of Sore Nipples in Breast Feeding Women", Adv Exp Med Biol., 8: 437- 448.

Powers G. (1999): "Slow Weight Gain and Low Milk Supply in The Breast Feeding Dyad", Clin Perinatol , 26:399-430.

Prentice,A. (1994): "ShouldLactatingWomenExercise ?", Nutr. Rev., 52(10):358-360.

Prentice, AM. e Prentice, A. (1995): "Evolutionary and Environmental Influences on Human Lactation", Proc. Nutr. Soc., 400: 354:391.

Raisler, J., Alexander, C. e O'Campo, P. (1999):" Breast Feeding and Infant Illness: A Dose-Response Relationship?", Am J Public Health, 89:25-30.

Ramsay, D. , Kent. J. e Hartmann, R. (2005): ·Anatomia da mama humana lactante redefinida com imagens de ultra-sons.‖, J Anatomy,206:525-534.

Ramsay, D., Mitoulas, L. e Kent, J. (2006): "Milk Flow Rates Can Be Sued To Identify and Investigation Milk Ejection in Women Expressing Breast Milk Using an Electric Pump", Breast Feeding Medicine, 1(1):14-23.

Rasmussen, K. (2007):" Association of Maternal Obesity before Conception with Poor Lactation Performance", Annu. Rev. Nutr. , 27:103-121.

Rechtman, J., Ferry, B., Lee, M., and Chapel, H. (2002):" International Journal of Infectious Diseases 6, pS58.

Reips, U. e Funke, F. (2008):" Intervalo de Medição de Nível com Escalas Analógicas Visuais na Pesquisa Baseada na Internet: VAS Generator", doi:10.3758/BRM.40.3.699.

Riordan, J. (2005): Breast Feeding and Human Lactation, 3rd Ed., Jones and Bartlett, Boston e Londres, PP. 75-77 e 438-439.

Rizzatto, G. e Chersevani, R. (1998): "Breast Ultrasound and New Technologies", European Journal of Radiology, 27: 242-249.

Ruddock, B. (2005): Domperidone e Lactation‖, Canadian Pharmacists Journal, (2) 138: 28-29.

Romieu, L., Hernandez-Avila, M e Lozcano, E. (1996):" Breast Cancer and Lactation History in Mexican Women", Am J Epidemiol., 143:543-552.

Rosenblatt, K. e Thomas, D. (1993):" WHO Collaborative Study of Neoplasia and Steroid Contraceptives: Lactation and The Risk of epithelial Ovarian Cancer", Int. Epidemiol., 22:192-197.

Rubahn, L. (2000): Light and Matter, Laser Application in Surface Science and Technology, 1st Ed., John Willey, New York, PP. 13-15.

Schaffer, M., Bonelb, H., Srokac, R., Schaffera M. e Buscha, M. (2000):" Magnetic Resonance Imaging (MRI) Controlled Outcome of Side Effects Caused By Ionizing Radiation, Treated With 780 Nm-Diode Laser - Preliminary Results", Journal ofPhotochemistryand PhotobiologyB:Biology, 59(3): 1-8.

Shatrugna, V., Raghuramulu, N. e Prema, K. (1982): "Serum Prolactin Levels in Undernourished Indian Lactating Women", National Institute of Nutrition, Indian Council of Medical Research, Hyderabad, India, PP. 33-35.

Shinwell, S., Churgin, Y., Shlomo, M., Shani, M. e Flidel-Rimon, O. (2006): "The Effect of Training Nursery Staff in Breast Feeding Guidance on the duration of Breast Feeding in Healthy Term Infants", Breast Feeding Medicine, 1(4): 247-252, (Abst.).

Skobelkin, O., Derbenev, V., Velikiĭ, P.,e Tsyganova, G. (1988):" Use of Lasers in The Treatment Of Acute Suppurative Lactation Mastitis", Vestn Khir Im I I Grek., 141(9):46-49,(Abst.).

Sohn, C., Blohmer, J. e Hamper, U. (1999): "Breast Ultrasound A Systematic Approach to Technique and Image Interpretation", 3rd Ed., Thieme, New York, USA, PP. 34–35.

Stallings, F., Worthman, M., Panter-Brick, C. e Coates R. (1996): "Prolactin ResponsetoSucklingandMaintenanceofPostpartumAmenorrheaAmong IntensivelyBreast FeedingNepali Women", Endocr. Res., 22(1):1-28.

Stephenson, K., Kuppler, K. and Williams, J (2006):" The Effects of Dieting on Food and Nutrient Intake of Lactating Women", J Am Diet Assoc, 106 (6):908- 912.

Su, D., Zhao, Y., Binns, C., Scott, J. e OddyW. (2007): "As Mães Amamentadoras Podem Exercitar-se": Results of A Cohort Study", Public Health Nutr., 10(10):1089-1093.

Theil, P., Seirsen, K. e Hurley, W. (2006):" Role of suckling in regulating cell turnover and onset and maintenance of lactation in individual mammary glands of sows", J Anim Sci, 84(7):1691-1698.

Tohotoa, J., Maycock, B., Hauck, Y., Howat, P., Burns,S. e Binns, C. (2009): "Dads Make a Difference: an Exploratory Study of Paternal Support for Breast Feeding in Perth, Western Australia**",** International Breast Feeding Journal, doi: 10.1186/1746-4358-4-15.

United Nations Children's Fund (UNICEF) (2007):" The State of The worlds Children", Nova Iorque, UNICEF.

Verdeyen, T. (2000): Prentice Hall Series in Solid State Physical Electronics, Laser Electronics, 3rd Ed., Prentice Hall, Upper Saddle River, PP. 326-332.

Vjj, B. and Mahesh, S. (2002):" Medical Application of Laser, Element of Laser Emission Process, 1st Ed., Kluwer Academic Publisher, London, PP. 1-13.

Vladimirov,A., Klebanov,I., Borisenko,G. e Osipov,N. (2004): "Molecular and Cellular Mechanisms of The Low Intensity Laser Radiation", Biofizika, 49(2):339-350.

Walker, M. (2002):" The Beneficial application of Low Level Laser Therapy", Townsend Letter for Doctors and Patients, 30 (4):1-7.

Wallace, J., Inbar, G. e Ernsthausen, K. (1992): "Aceitação infantil do leite materno pós-exercício", Pediatria, 89:1245-1247.

Wan, E., Davey, K., Page-Sharp, M., Hartmann, E., Simmer, K. e Ilett, F. (2008): "Dose-Effect Study of Domperidone as a Galactogogue in Preterm Mothers with Insufficient Milk Supply, and Its Transfer into Milk", Brit. J. Clin. Pharm., 66(2):283-289.

West, D. e Marasco, L. (2008): "Understanding Your Milk Factory", in The Breast Feeding Mother's Guide To Making More Milk",1ª Ed., Mc Graw -Hill , USA, pp 18-20.

Assembleia Mundial da Saúde (WHA) (2003): "Global Strategy on Infant and Young Child Feeding", 55ª Assembleia Mundial da Saúde, Genebra.

Organização Mundial de Saúde (OMS) (2001): "The Optimal Duration of Exclusive Breast Feeding", Results of a WHO Systematic Review, Organização Mundial de Saúde.

Yamada, K., Kaise, H., Ogata, A. e Ueda, N. (2010): "Terapia laser de baixo nível para os sintomas induzidos pelos tratamentos de cancro da mama", reunião do Simpósio sobre cancro da mama, Sociedade Americana de Oncologia Clínica (ASCO).

Yang, F., Cao, F. e Bin Li, Z. (1985): "Animal Experiment and Clinic Use of Promoted Secretion of Milk with Low- Power He-Ne Laser Acupuncture on Mammary Gland", Congresso Internacional sobre Laser em Medicina e Cirurgia, Bolonha.

Yokoyama,Y., Ueda,T., Irahara,M. e Aono,T. (1994): "Libertações de oxitocina e prolactina durante a massagem mamária e sucção em mulheres puérperas", Eur. J. Obstet. Gynecol. Reprod. Biol., 53(1):17-20.

Zhai, Y., Huo, R., Chen, C., Liang, S. e Ye, Z. (2000):" Observation of Effect of Intervention of Helium-neon Laser Combining with Ultra-short Wave on Parturients‖ Post-delivery Lactation Shortage", Journal of Nursing,3(5):12-25(Abst.).

Zuppa,A., Sindico,P., Orchi,C., Carducci,C., Cardiello,V. e Romagnoli, C. (2010):" Segurança e Eficácia dos Galactogogues: Substâncias que Induzem, Mantêm e Aumentam o Leite Materno Production‖, J Pharm Pharm Sci. ,13(2):162- 174.

Lista de Abreviaturas

Abreviatura	Interpretação
%	Percentagem
AAP	Academia Americana de Pediatria
am	Pela manhã
ATP	Fosfato Tri de Adenosina
Cc	Centímetro cúbico
cm	centimetro
Co2	Dióxido de carbono
IMC	Índice de massa corporal
ADN	Ácido desoxirribonucleico
FDA	Administração Federal de Drogas
Ga-Al-As	Gálio-alumínio-alumínio-rsenídeo
gm	grama
He-Ne	Hélio -Neon
Ho- YAG	Holmium- Yattrium-Aluminum Garnet
IACP	Associação Internacional de Farmacêuticos Compositores
IgA	Imungolobulina A
IMA	Artéria Mamária Interna
RI	Infravermelho
Kcal	Kilocalorie
Kg/m²	Quilograma por metro quadrado
KTP	Fosfato de potássio de titânio
LLLT	Terapia laser de baixo nível
LTA	Artéria Torácica Lateral
MENA	Médio Oriente-Norte-África do Norte
mg	miligrama
min	minuto
mJ	Milli Joul
ml	mililitro
mmHg	mercúrio milimétrico
mW	Milli watt
Nd- YAG	Neodímio dopado -Yattrium Aluminum Garnet
nm	nanómetro
Não.	número
ns	nanossegundo
Oz	ounce
pm	pós meridiano

RMR	Taxa metabólica em repouso
TRH	Hormona libertadora de tirotropina
ttt	Tratamento
UNICEF	Fundo das Nações Unidas para a Infância
EUA	Estados Unidos da América
VAS	Escala Analógica Visual
WHA	Assembleia Mundial da Saúde
OMS	Organização Mundial de Saúde

www.ingramcontent.com/pod-product-compliance
Ingram Content Group UK Ltd.
Pitfield, Milton Keynes, MK11 3LW, UK
UKHW041850190726
13854UKWH00002B/802

9 786203 351606